MANCOZEBE

M268 Mancozebe: muito além de um fungicida / Ricardo Silveiro Balardin ... [et al.]. – Porto Alegre : Bookman, 2017.
viii, 88 p. il. color. ; 23 cm.

ISBN 978-85-8260-449-6

1. Agronomia. 2. Fungicida – Mancozebe. I. Balardin, Ricardo Silveiro.

CDU 632.952

Catalogação na publicação: Poliana Sanchez de Araujo – CRB 10/2094

MANCOZEBE

Muito Além de um Fungicida

Ricardo Silveiro **Balardin**

Marcelo Gripa **Madalosso**

Marlon Tagliapietra **Stefanello**

Leandro Nascimento **Marques**

Mônica Paula **Debortoli**

bookman

2017

Gerente editorial: *Arysinha Jacques Affonso*

Colaboraram nesta edição

Capa: *Marcio Monticelli*

Imagem da capa: *©shutterstock.com / igorstevanovic, Cultivated soybean furrow, young plants growing in agricultural field*

Editoração: *Kaéle Finalizando Ideias*

Reservados todos os direitos de publicação à
BOOKMAN EDITORA LTDA., uma empresa do GRUPO A EDUCAÇÃO S.A.
Av. Jerônimo de Ornelas, 670 – Santana
90040-340 – Porto Alegre – RS
Fone: (51) 3027-7000 Fax: (51) 3027-7070

SÃO PAULO
Rua Doutor Cesário Mota Jr., 63 – Vila Buarque
01221-020 – São Paulo – SP
Fone: (11) 3221-9033

SAC 0800 703-3444 – www.grupoa.com.br

IMPRESSO NO BRASIL
PRINTED IN BRAZIL

Autores

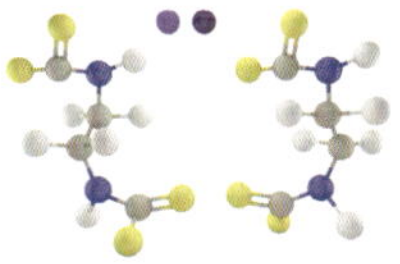

Ricardo Silveiro Balardin – Engenheiro Agrônomo, M.Sc. e Ph.D. em Fitopatologia e especialista em doenças foliares de cultivos anuais. Professor Titular da Universidade Federal de Santa Maria e bolsista do CNPq. Autor de artigos, livros e capítulos de livros em doenças de plantas cultivadas. Membro da Sociedade Brasileira de Fitopatologia e da Sociedade Americana de Fitopatologia.

Marcelo Gripa Madalosso – Engenheiro Agrônomo, M.Sc. em Engenharia Agrícola (UFSM) e Dr. em Agronomia (UFSM); concentração na área de Fitopatologia e Tecnologia de Aplicação de Fungicidas. Gerente técnico do Instituto Phytus e professor da Universidade Regional Integrada – Campus Santiago. Autor de bibliografias na área e revisor. Tem experiência nas áreas de fitopatologia, controle químico, estudo avançado de fungicidas, fitotoxidade, absorção foliar e tecnologia de aplicação de defensivos agrícolas, atuando principalmente nos patossistemas ligados a soja, arroz, milho e trigo.

Marlon Tagliapietra Stefanello – Graduado em Agronomia pela UFSM em 2012, mestrado (2014) e doutorado (2017) pelo Programa de Pós-Graduação em Agronomia da UFSM. Colaborador de pesquisa e ensino do Instituto Phytus. Tem experiência no controle químico de plantas daninhas e insetos pragas e também na área de Fitopatologia, atuando principalmente nos temas de proteção de plantas e controle químico de doenças em soja, milho, arroz e cereais de inverno e tecnologia de aplicação de fungicidas.

Leandro Nascimento Marques – Graduado em Agronomia pela UFSM (2012), com mestrado (2014) e doutorado (2017) pelo Programa de Pós-Graduação em Agronomia da UFSM. Colaborador de pesquisa e ensino do Instituto Phytus. Autor de artigos científicos na área e revisor de periódicos. Tem experiência na área de fitopatologia, manejo de doenças em grandes culturas, controle químico, dinâmica de fungicidas em plantas, fisiologia do estresse por fitotoxidade, aspectos da resistência de fungos a fungicidas.

Mônica Paula Debortoli – Engenheira agrônoma pela UFSM (2005), com mestrado e doutorado em Engenharia Agrícola (2011) pela mesma instituição. Coordenadora Técnica de Fitopatologia do Instituto Phytus. Atua na área de fitopatologia e tecnologia de aplicação de fungicidas, com foco no manejo de doenças soja, milho, arroz e trigo.

Sumário

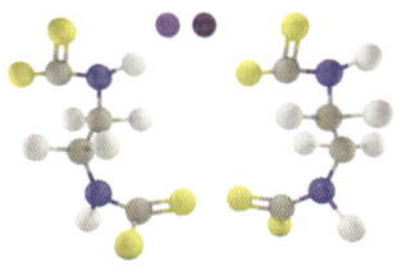

1 O desenvolvimento dos ditiocarbamatos **1**

Propriedades químicas do grupo dos ditiocarbamatos 4

Decomposição metabólica dos etilenobisditiocarbamatos (EBDCs) 5

Resíduos de ditiocarbamatos e etilenotiouréia (ETU) em alimentos e sua implicação na saúde pública 7

2 Mancozebe: um fungicida protetor com ação multissítio **9**

Biodegradação de mancozebe 9

Classificação do mancozebe 18

Formulação do mancozebe 36

Registro de mancozebe em culturas 37

3 O fungicida na fisiologia de plantas de soja **39**

Dinâmica do produto × planta e a ocorrência de fitotoxidade 41

4 Estratégias de manejo da resistência **75**

Perspectivas futuras 79

Referências 81

Lista de abreviaturas

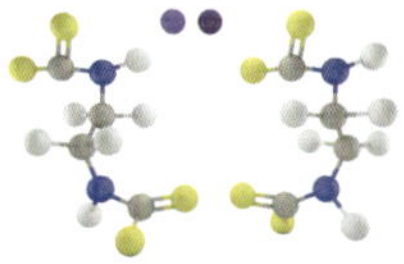

CS_2	dissulfeto de carbono
EBDCs	etilenobisditiocarbamatos
EBI	etileno bisisotiocianato
EBIS	sulfeto de etileno bisisotiocianato
EDA	etileno diamina
ETD	bistiouram dissulfeto
EDI	etileno diisocianato
epox	epoxiconazol
Est	Estrobilurina
ETU	etilenotiouréia
EU	etilenouréia
FAS	Ferrugem Asiática da Soja
H_2S	sulfeto de hidrogênio
IDM	Inibidores da DesMetilação
IQe	Inibidores da Quinona externa
ISD	Inibidores da Succinato Desidrogenase
Mz	mancozebe
pir	piraclostrobina
prot	proticonazol
trifl	trifloxistrobina
Tz	Triazol

1

O desenvolvimento dos ditiocarbamatos

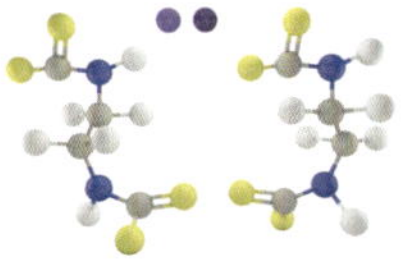

Os ditiocarbamatos são usados há décadas como fungicidas na agricultura, principalmente no cultivo de plantas ornamentais, frutíferas e olerícolas. Entre todos os grupos de fungicidas, são os que detêm registro para o maior número de culturas, ratificando a sua ampla utilização.

Os compostos ditiocarbamatos foram preparados a partir de uma monoamina e dissulfeto de carbono e eram originalmente utilizados com o objetivo de acelerar o processo de vulcanização da borracha (McCallan, 1967). Com os desdobramentos químicos, acabaram originando o primeiro fungicida derivado de um ditiocarbamato para controlar doenças, chamado de dissulfeto de tetrametiltiuram, mais comumente conhecido como tiram e cuja patente foi concedida em 1934 (Tisdale; Williams, 1934). Este fungicida mostrou-se eficaz no tratamento de sementes, sendo que os pesquisadores Muskett e Colhoun (1940) e Harrington (1941) comprovaram sua utilidade no controle de doenças em gramíneas. O tiram não era, no entanto, tão eficaz quando aplicado em pulverização sobre a folha. As gerações posteriores de moléculas baseadas em sais metálicos do ácido ditiocarbâmico, que logo começaram aparecer, revelaram-se mais ativas na tarefa.

O ditiocarbamato dimetil férrico (ferbam) foi relatado pela primeira vez por Anderson (1942) e por Kincaid (1942). O produto proporcionou um bom controle de doenças em pomares e ganhou ampla aceitação como fungicida em plantas ornamentais, em parte pelo potencial fitotóxico para as plantas, significativamente menor do que a de pulverizações com cobre ou enxofre. Na sequência, ferbam foi intimamente relacionado com ziram (dimetil-ditiocarbamato de zinco) que mostrou ser mais útil no manejo de doenças em culturas (Heuberger; Wolfenbarger, 1944; Wilson, 1944).

Paralelamente a isso, ainda em 1940, a companhia Rohm & Haas preparou um ditiocarbamato chamado de etilenobisditiocarbamato dissódico (nabam), a partir de uma diamina. Este composto pode ser considerado o primeiro verdadeiro etilenobisditiocarbamato (EBDC). Entretanto, por ser instável em fase sólida, ele teve que ser utilizado na forma líquida. Teve a patente concedida em 1943, sendo o primeiro relatório científico publicado na imprensa no mesmo ano (Dimond; Heuberger; Horsfall, 1943). Treze anos após a sua introdução, foi demonstrado que o nabam não era em si um fungicida, mas apenas quando exposto ao ar, convertia-se em um composto ativo fungicida.

A sua alta solubilidade em água, aliada à relativa instabilidade, comprometeram o desempenho do produto (Brandes, 1953). Heuberger e Manns (1943) descobriram que a adição de sulfato de zinco ao tanque de pulverização tinha um efeito estabilizador sobre o nabam. Assim, surgiu um novo produto líquido que começou a ser comercializado em 1944 e recebeu o nome comercial de Dithane D-14 (Brandes, 1953).

A partir de então, a utilização do composto pelos produtores cresceu, e ele foi adotado no controle de muitas doenças em plantas. O fungicida ganhou popularidade entre os produtores de batata nos Estados Unidos, que rapidamente substituíram as aplicações de calda bordalesa. O produto de reação formado no tanque de pulverização, quando o sulfato de zinco foi adicionado a nabam, era o etilenobisditiocarbamato de zinco (zineb). Os ensaios de campo, em 1945, mostraram que ele era um fungicida estável e superior, rapidamente comercializado sob o nome comercial de Dithane Z-78.

Em 1947, ensaios com fungicidas em batata foram organizados por cooperativas nos Estados Unidos e testados por um período de três anos. Nestes estudos, nabam e zineb consistentemente demonstraram sua eficácia no controle da requeima (*Phytophthora infestans*) e da pinta-preta (*Alternaria solani*) em batata (Gullino et al., 2010). Na década seguinte, os dois produtos eram utilizados em 75% do total da área cultivada com batata naquele país (Brandes, 1953). Também eram usados em culturas de tomate, cebola, cenoura, abóbora, aipo, lúpulo, espinafre, beterraba, feijão, pimentão, tabaco, cereja, milho doce e nozes. Na Europa, o zineb ficou bem estabelecido para o controle de míldio (*Plasmopara viticola*), em uva e sarna da macieira (*Venturia inaequalis*). Em 1952, a companhia Rohm e Haas começou a operar uma fábrica comercial na França para a fabricação de Dithane. O desenvolvimento de novos EBDCs continuou em ritmo acelerado e, em 1950, foi concedida a patente do etilenobisditiocarbamato de manganês (maneb) para a DuPont (Flenner, 1950). Este produto foi mais ativo que nabam ou zineb e elevou o padrão de controle. Em 1962, a companhia Rohm e Haas registrou o complexo de íons de zinco com maneb, chamado de mancozebe, que viria a se tornar, comercialmente, o composto mais importante de todos os EBDCs (Gullino et al., 2010).

Outros dois fungicidas desenvolvidos na mesma época foram o metiram, introduzido na Alemanha pela Basf em 1958, e o propinebe, reportado pela primeira vez em 1963 (Tomlin, 2006), ambos do grupo alquilenobisditiocarbamato.

Em meados da década de 1960, os fungicidas EBDCs foram considerados o grupo mais importante e versátil de fungicidas orgânicos já descobertos (McCallan, 1967). Este fato levou ao desenvolvimento desta molécula para o controle de vários fungos, em mais de 70 culturas. Os compostos ditiocarbamatos tinham a vantagem de possuir um modo de ação multissítio (Figura 1.1) que se tornou um componente fundamental, promovendo amplo espectro de controle e na gestão de resistência para novos fungicidas (Klittich, 2008).

O mancozebe é hoje produzido por numerosos fabricantes em todo o mundo e comercializado em mais de 120 países. (Gullino et al., 2010). O valor das vendas globais girou em torno US$ 740 milhões no ano de 2007, considerando as coformulações de mancozebe com outros fungicidas (Dow Agrosciences, 2008). Durante o longo período de comercialização e desenvolvimento contínuo, numerosas for-

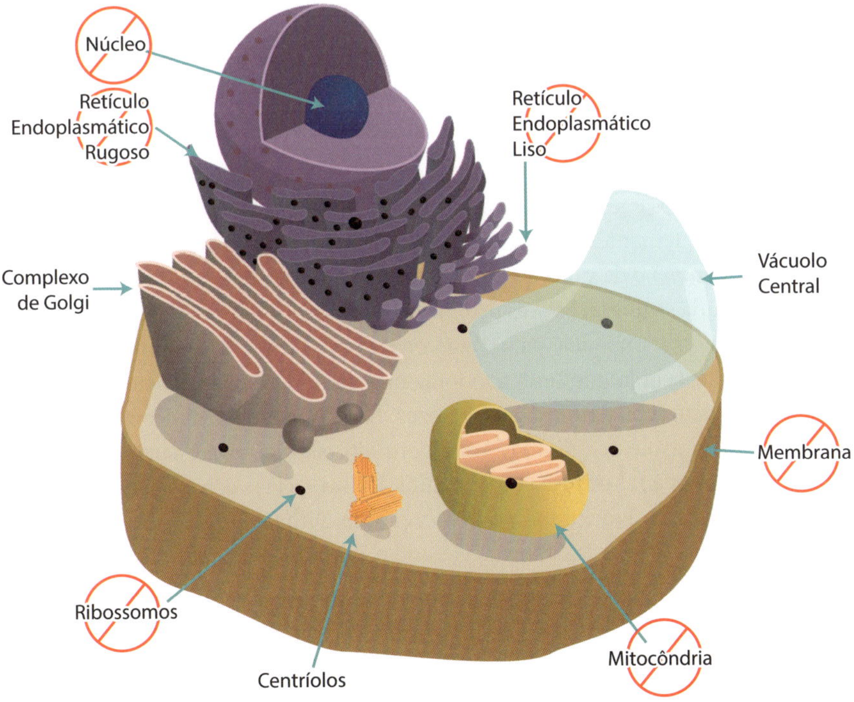

Figura 1.1 Locais de ação dos fungicidas multissítios na célula fúngica.

mulações de mancozebe foram desenvolvidas para usos em culturas e mercados específicos. Embora o uso de mancozebe sozinho seja ainda significativo, o ingrediente ativo tem sido aplicado em coformulações com outros ingredientes ativos, geralmente com um fungicida sítio-específico sistêmico (Figura 1.2). Nesse caso, o mancozebe é incluído como ferramenta para auxiliar a gestão de resistência e ampliar o espectro do produto (Gullino et al., 2010).

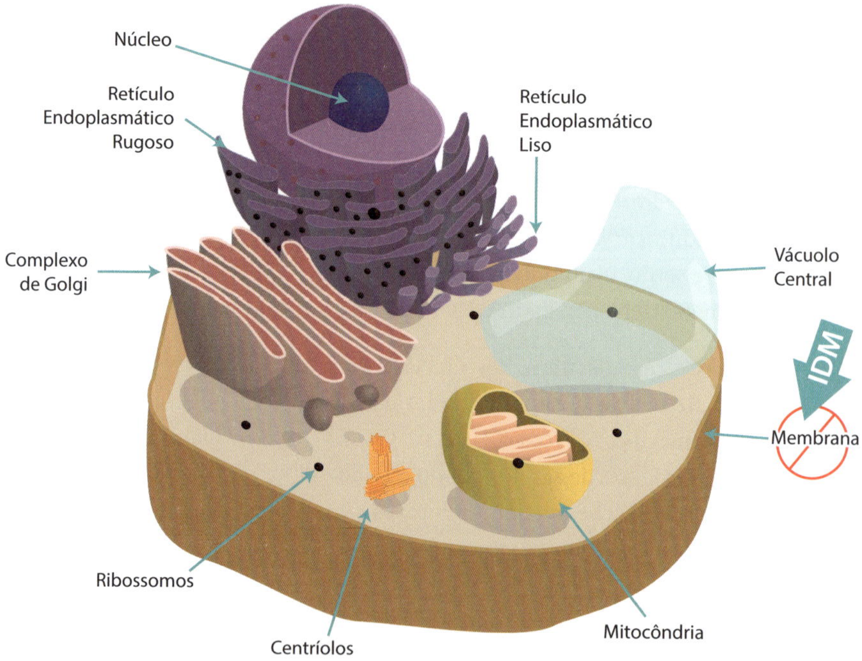

Figura 1.2 Local de ação dos fungicidas Inibidores da DesMetilação (IDM).

Propriedades químicas do grupo dos ditiocarbamatos

Os ditiocarbamatos são uma classe de compostos organossulfurados que possuem 21 representantes conhecidos e empregados como pesticidas (Motarjemi; Moy; Ewen, 2014). São largamente usados como fungicidas na proteção de cultivos agrícolas, podendo ser aplicados em tratamento de sementes, no solo, aplicações foliares e também no pós-colheita. Além disso, atuam como repelentes de roedores, aditivos na vulcanização da fabricação da borracha, em lubrificantes e como antioxidantes (Schmidt et al., 2013).

Os ditiocarbamatos são derivados do ácido ditiocarbâmico (NH_2CS_2H), análogos dos carbamatos (CH_3NO_2), quando ambos os átomos de oxigênio são substituídos por átomos de enxofre. São sintetizados a partir da reação de aminas primárias e secundárias, com dissulfeto de carbono sob condições alcalinas (Kanchi; Singh; Bisetty, 2014).

Baseado na estrutura do esqueleto de carbono, os ditiocarbamatos são categorizados em subclasses, dependendo da natureza do elemento que forma um complexo com o esqueleto organossulfurado (Van Lishaut; Schwack, 2000; Crnogorac; Schwack, 2009):

- metilditiocarbamatos (MDTC), onde se inclui o metam-sódico (Na);
- dimetilditiocarbamatos (DMD), onde se inclui o ziram (Zn), ferbam (Fe) e o tiram;
- propilenobisditiocarbamatos (PBDC), incluindo o propinebe (Zn);
- etilenobisditiocarbamatos (EBDC); são sais orgânicos de manganês, zinco ou zinco e sódio, incluindo manebe (Mn), zineb (Zn), nabam (Na), metiram (Zn) e mancozebe (Zn e Mn).

As estruturas e características dos ditiocarbamatos de uso permitido no Brasil podem ser visualizadas no Quadro 1.1. Todos os citados, com exceção do tiram, são derivados organometálicos (World Health Organization, 1988). O Brasil é um dos maiores consumidores de agrotóxicos do mundo e cinco ditiocarbamatos são permitidos no país: mancozebe, metiram, propinebe, tiram e metam-sódico (Agência Nacional de Vigilância Sanitária, 2016).

Os ditiocarbamatos são ligantes muito versáteis, podendo se coordenar com metais de transição e também estabilizar vários estados de oxidação de um mesmo metal (Vidigal, 2013). Por essa versatilidade e por apresentarem diversas aplicações, os ditiocarbamatos despertam grande interesse (Heard, 2005).

Decomposição metabólica dos etilenobisditiocarbamatos (EBDCs)

Os etilenobisditiocarbamatos (EBDCs) são compostos relativamente instáveis em meio alcalino ou meio ácido, na presença de oxigênio, em sistemas biológicos, e decompõem-se rapidamente em água, formando vários subprodutos. Por esta razão, alguns autores denominam os ingredientes ativos desta classe de pró-fungicidas, visto que sua molécula básica não é tóxica ao patógeno; entretanto, seus subprodutos são altamente letais, caso do mancozebe (Gullino et al., 2010).

Quadro 1.1 Estrutura e características dos ditiocarbamatos de uso permitido no Brasil

Ditiocarbamato	Estrutura	Solubilidade	Uso no Brasil[2]
Mancozebe[1] $(C_4H_6N_2S_4Mn)(Zn)_y$, x/y=11; 271,2 g/mol (monômero)	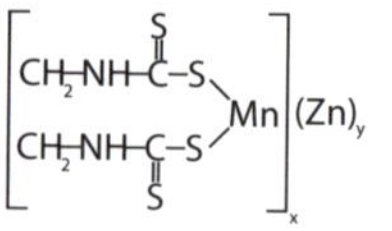	Praticamente insolúvel em água e na maioria dos solventes;	Aplicação foliar em 46 culturas
Metiram[1] $(C_{16}H_{33}N_{11}S_{16}Zn_3)_x$; 1088,6 g/mol (monômero)	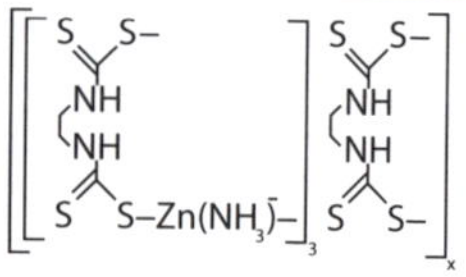	Água: 2,1 - 4 mg/L (20 °C) Praticamente insolúvel em solventes orgânicos	Aplicação foliar em 19 culturas
Propinebe[3] $(C_5H_8N_2S_4Zn)_x$; 289,8 g/mol (monômero)	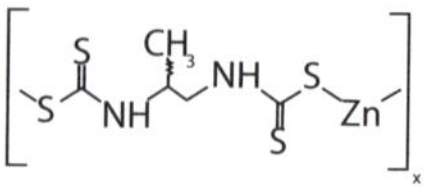	Água: < 0,01 mg/L (20 °C) Solventes orgânicos: <0,01 mg/L	Aplicação foliar em 8 culturas
Metam-sódico[4] $C_2H_4NNaS_2$; 129,17 g/mol	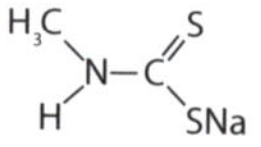	Água: 722 g/L Solúvel em metanol	Aplicação no solo, 6 culturas
Tiram[1] $C_6H_{12}N_2S_4$; 240,4 g/mol	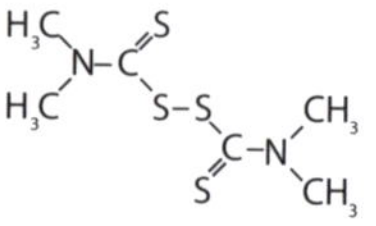	Água: 30 mg/L (25 °C) Solúvel em acetona, clorofórmio e outros solventes orgânicos	Tratamento de sementes (12 culturas) e solo (1 cultura)

[1]Extoxnet (2017).
[2]Agência Nacional de Vigilância Sanitária (2016).
[3]Pubchem (2006).
[4]Hangzhou Tianlong Biotechnology (c2011).

A decomposição metabólica dos EBDCs é complexa e, inicialmente, há formação de dissulfeto de carbono (CS_2) ou sulfeto de hidrogênio (H_2S). A decomposição em H_2S depende da presença do grupo N-H. A liberação do CS_2 depende do meio no qual ocorre a hidrólise. Além destes, ainda são produzidos etileno bistiouram dissulfeto (ETD), etileno diisocianato (EDI), etilenotiouréia (ETU), etileno diamina (EDA), etilenouréia (EU) e 2-imidazolina (World Health Organization, 1988) (Figura 1.3).

A natureza e abundância dos produtos de degradação de EBDCs são dependentes de pH, incluindo a formação de ETU e EU.

Segundo Aldridge e Magos (1978), a formação do ETU ocorre pela liberação de dissulfeto de carbono (CS_2) e sulfeto de hidrogênio (H_2S), bem como por degradação oxidativa. A degradação fotolítica ou fotólise (decomposição química ou dissociação molecular provocada por absorção de fótons) é a principal forma de degradação da ETU em meio aquoso, e é reforçada pela presença de fotossensibilizadores, como a clorofila.

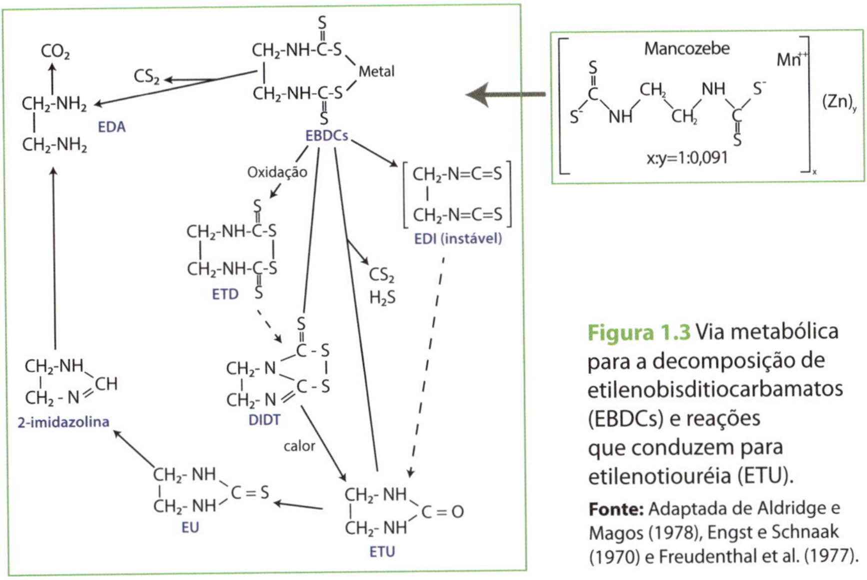

Figura 1.3 Via metabólica para a decomposição de etilenobisditiocarbamatos (EBDCs) e reações que conduzem para etilenotiouréia (ETU).
Fonte: Adaptada de Aldridge e Magos (1978), Engst e Schnaak (1970) e Freudenthal et al. (1977).

Resíduos de ditiocarbamatos e etilenotiouréia (ETU) em alimentos e sua implicação na saúde pública

O uso de ditiocarbamatos na agricultura pode deixar resíduos de ETU como contaminantes ou metabólitos em mamíferos, plantas e organismos inferiores, quando expostos a esses produtos.

Embora o controle químico com mancozebe seja uma ferramenta muito útil no manejo de doenças, o seu uso exige um conhecimento básico sobre o mecanismo de ação, doses recomendadas, horário e época da aplicação. O posicionamento para a máxima eficiência técnica, o conhecimento do tipo de formulação do produto (pó molhável e/ou granulado), a classe toxicológica e os cuidados durante e após a aplicação das culturas são fundamentais para evitar contaminações.

O mancozebe apresenta classificação toxicológica III, segundo a legislação brasileira; ou seja, é medianamente tóxico (Brasil, 1992). Quanto ao potencial de periculosidade ambiental, pertence à classe II, ou seja, é muito perigoso.

A toxicidade aguda de EBDCs é alta para algumas espécies de organismos aquáticos, como peixes, crustáceos, algas, bactérias (World Health Organization, 1988). A classificação toxicológica dependente da formulação do produto comercial. Mas a grande maioria apresenta classificação toxicológica I, ou seja, extremamente tóxica, como ocorre com as marcas comerciais Unizeb Gold®, Manzate® WG, Manzate® 800, Dithane® NT.

A presença de resíduos de agrotóxicos nos alimentos preocupa o consumidor e as autoridades de saúde, já que pode oferecer riscos à saúde humana e ambiental. A etilenotiouréia (ETU) é uma substância tóxica formada pela degradação e/ou biotransformação de mancozebe, e pode representar um risco à população consumidora. A exposição da população à ETU pelo consumo de alimentos pode se dar por resíduos de ETU formados no processo de industrialização; por remanescentes da aplicação de EBDCs nas culturas; os formados pelo processamento ou preparo e cozimento de alimentos com resíduos de EBDCs; e/ou os metabolizados no organismo, após ingestão (Lemes et al., 2005). No entanto, se mancozebe for bem posicionado na cultura, com adequada tecnologia de aplicação, e os produtores respeitarem o período de carência (período compreendido entre a pulverização e a colheita do produto), sua aplicação não oferecerá risco para o aplicador ou para o consumidor final.

Estudos da International Agency for Research on Cancer (IARC) classificaram a ETU no grupo 3, apresentando evidência suficiente de carcinogenicidade em estudos de animais de experimentação (International Agency for Research on Cancer, 2000). Os alimentos com Limites Máximos de Resíduos (LMR) acima dos estabelecidos pelos órgãos governamentais indicam que a aplicação do agrotóxico não foi realizada de acordo com as Boas Práticas Agrícolas (BPA). O LMR específico para ETU no Brasil ainda não foi estabelecido.

A Comissão do Codex Alimentarius para Resíduos de Pesticidas estabelecida pela Organização das Nações Unidas (ONU), por ato da Organização para a Agricultura e Alimentação (sigla em inglês, FAO) e Organização Mundial da Saúde (sigla em inglês, WHO), entre outras, tem buscado a conformidade de alguns LMR, a fim de facilitar o comércio comum de produtos agrícolas entre organizações como a União Europeia e o Mercosul, por exemplo. A Ingestão Diária Aceitável (IDA) estabelecida pelo JMPR-FAO/WHO, grupo assessor do Codex Alimentarius, é de 0,002 mg kg^{-1} de ETU por peso corpóreo (Food and Agriculture Organization of the United Nations; World Health Organization, 1994). No Codex Alimentarius os LMR são estabelecidos para a classe de ditiocarbamatos: mancozebe, manebe, metiram, zinebe, propinebe, tiram, ziram, ferbam, e os valores são expressos em CS_2 total. A IDA estabelecida pelo Codex Alimentarius é de 0,003 mg kg^{-1} por dia de CS_2 para ferbam, ziram; 0,007 para propinebe e 0,03 mg kg^{-1} por dia de CS_2 para mancozebe, manebe, metiram e zinebe (Food and Agriculture Organization of the United Nations; World Health Organization, 1998).

No Brasil, a Resolução RE nº 165, de 29 de agosto de 2003, da Anvisa/MS estabelece LMR para ditiocarbamatos em CS_2 (mg kg^{-1}), em função do uso dos ingredientes ativos da classe dos EBDCs: mancozebe, manebe, metiram, além de outros ditiocarbamatos, como o propinebe e tiram (Agência Nacional de Vigilância Sanitária, 2003).

2

Mancozebe: um fungicida protetor com ação multissítio

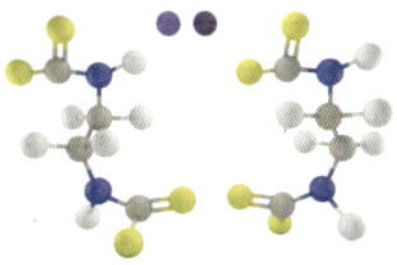

O mancozebe é um dos EBDCs mais complexos. Possui características físico-químicas específicas (Quadro 2.1). Fungicidas desta classe tiveram uso comercial mais remoto, se comparados aos fungicidas sistêmicos sítio-específicos. O mancozebe apresenta um espectro antifúngico muito significativo e suas propriedades são muito similares às do manebe. A presença do zinco, no entanto, diminui a fitotoxidade do composto.

A classificação como multissítio deve-se aos seus diversos mecanismos de ação, uma vez que ele pode interferir em diferentes organelas e processos fisiológicos nas células fúngicas. Ainda não há relatos exatos quanto aos processos inibidos, mas esse composto pode, acreditam os cientistas, atuar em mais de cinco locais diferentes da célula do fungo. Essa menor especificidade do mecanismo de ação torna o mancozebe um produto com ação sobre uma gama bastante grande de espécies de fungos e com reduzido risco de desenvolvimento de resistência.

Biodegradação de mancozebe

O mancozebe é um composto instável em água e pode ser rapidamente decomposto pela interação de fatores ambientais como luz, calor, oxigênio e umidade. Dependendo do fator ou da combinação entre eles, as rotas de degradação e os subprodutos gerados podem tomar diferentes caminhos (Figura 2.1).

Os principais produtos da hidrólise e fotólise de mancozebe são ETU e EBIS (sulfeto de etileno bisisotiocianato) e outros menores, como a glicina e a EU, na qual é ainda degradada o CO_2 sob condições aeróbicas (Jacobsen; Bossi, 1997; Xu, 2000).

Quadro 2.1 Especificações físico-químicas para o mancozebe 80% pó molhável (WP)

Fórmula química empírica	$[C_4H_6MnN_2S_4]_xZn_y$
Estado	Sólido
Forma	Pó
Densidade	1,92 g/cm^3
Pressão de vapor	1.32x10-10 mm Hg a 25 °C ou 33 x 10^{-5} Pa
Corrosividade	Não corrosivo
Cor	Amarelo-cinzento
Odor	Praticamente isento
Peso molecular	541,05 g/mol
Solubilidade em água	6 mg/L a 25 °C
LogP	1,33
Ponto de fusão	192-194 °C
Ingrediente ativo ≥	80,0
Mn % ≥	20,0
Zn % ≥	2,5
Umidade % ≤	2,0
Faixa de pH	6-9
Tempo de molhamento (segundos ≤)	30
Teste de peneira por via úmida (325 mesh) % ≥	98
Suspensão % ≥	80
Espuma persistente ≤	20
Conteúdo de etilenotiouréia (ETU) % ≤	0,3

Fonte: Pubchem (2005).

(Figura 2.2). ETU e EBIS são os principais compostos tóxicos ligados a este grupo de fungicidas. ETU tem efeitos teratogênicos, carcinogênicos, imunotóxicos e mutagênicos (Blasco; Font; Picó, 2004, Bogialli; Di Corcia, 2007) e EBIS provoca paralisia periférica e disfunção tireoidiana (Garcinuño; Fernández-Hernando; Cámara, 2004; Bogialli; Di Corcia, 2007).

Levando-se em consideração os efeitos toxicológicos dos produtos químicos, é importante o conhecimento da cinética de degradação do mancozebe e sua reação. O profundo conhecimento sobre os caminhos de degradação de fungicidas é crucial para entender o comportamento no ambiente, explorar sua máxima eficácia técnica sobre os fungos fitopatogênicos e evitar ou atenuar efeitos nocivos para a saúde humana.

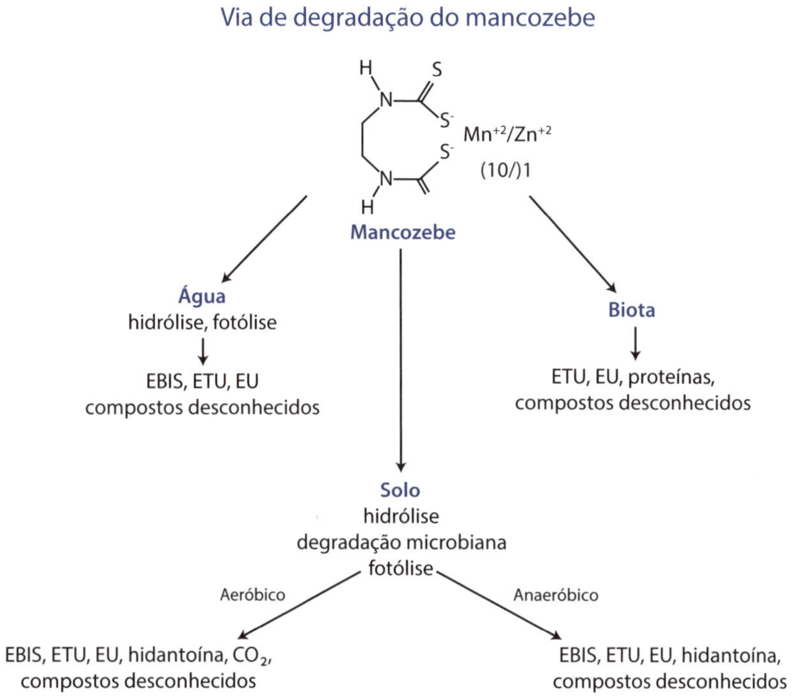

Figura 2.1 Caminhos de degradação do mancozebe.

Fonte: Adaptada de Xu (2000).

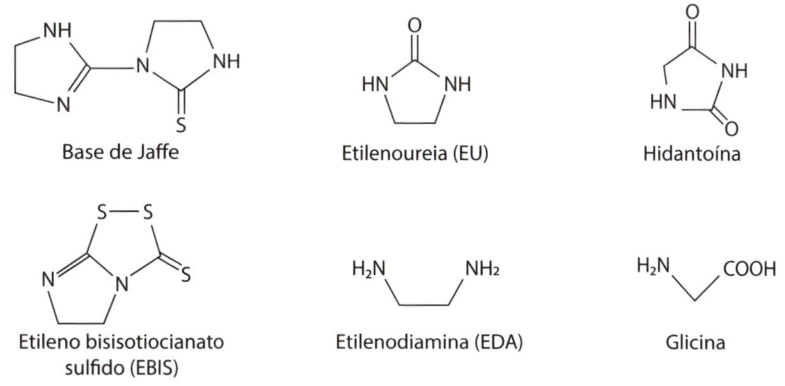

Figura 2.2 Estruturas químicas dos metabólitos gerados pela degradação de mancozebe.

Fonte: Adaptada de Xu, 2000.

Efeito da água, potencial hidrogeniônico (pH), temperatura e luz na cinética de degradação de mancozebe (Mz)

Com o objetivo de determinar a cinética de hidrólise e fotólise de mancozebe para ETU e outros subprodutos em água, foi realizado um estudo por López-Fernández et al. (2016). Inicialmente, foi notada significativa influência das variáveis ambientais (pH, temperatura e luz) sobre os coeficientes cinéticos (velocidade da reação) na rota de degradação do Mz. No entanto, houve variações dos efeitos das variáveis em diferentes pontos da rota. Os coeficientes cinéticos para a velocidade de degradação de Mz para EBIS (K1), de EBIS para INT (K2) e INT para ETU (K3) são apresentados no Quadro 2.2. Conforme proposto por López-Fernández et al. (2016), INT é um produto de degradação intermediária.

Observando a rota de passagem de Mz para EBIS (K1), uma menor velocidade de degradação de Mz foi notada sob condições de pH mais elevado (8,0), temperatura ambiente (25°C) e ausência de luz. A elevação da temperatura (45°C), bem como a acidificação do meio (pH=2,0), aceleraram o processo de degradação, principalmente na presença de luz. De modo geral, para todas as situações testadas no trabalho, a passagem de Mz para EBIS foi sempre mais rápida na presença de luz. No tratamento 8 não foi detectado a presença de EBIS, logo não há valor de K na tabela. Os autores relatam que as condições podem ter favorecido uma rápida degradação de Mz direto

Quadro 2.2 Cinética de degradação do mancozebe.

Tratamento	pH do meio	Temperatura (°C)	Presença de Luz	Coeficientes cinéticos (horas^{-1})		
				K1	K2	K3
1	2	25	Não	0,167	2,690	0,001
2	2	25	Sim	0,952	6,670	0,003
3	8	25	Não	0,027	0,070	0,130
4	8	25	Sim	0,060	0,360	0,055
5	8	45	Não	0,208	0,350	0,037
6	8	45	Sim	0,932	2,690	0,162
7	2	45	Não	0,379	17,820	0,001
8	2	45	Sim	-	-	0,038
9	5	35	Não	0,125	0,518	0,025
10	5	35	Sim	0,330	0,860	0,044
11	5	35	Não	0,088	0,420	0,025
12	5	35	Sim	0,330	1,025	0,045

Fonte: Adaptado de López-Fernández et al. (2016).

a INT, como mostrado no esquema da Figura 2.3. Os autores ainda afirmam que tal degradação pode ter ocorrido nas primeiras duas horas de reação, o que foi considerado rápido. As condições do tratamento 8 que favoreceram essa rápida degradação de Mz a EBIS foram pH ácido (2,0), temperatura elevada (45°C) e presença de luz.

A cinética para a passagem de EBIS para INT (K2) apresenta comportamento muito similar ao que foi discutido para a rota K1. Considerando as diferentes situações de pH e temperaturas testadas, com exceção do experimento 8 que não teve essa rota, nota-se maior velocidade de degradação de EBIS para INT na presença de luz. A menor taxa de EBIS para INT foi verificada com pH básico (8,0) e temperatura ambiente (25°C). Tanto a condição ácida do meio (pH= 2,0), como o aumento da temperatura (45°C) refletiram em aumento na cinética, similar a cinética K1.

Os efeitos sofreram variações em alguns pontos para a rota de passagem de INT para ETU (K3). De maneira geral, a passagem de INT para ETU foi mais rápida na presença de luz. Não ficou bem claro o impacto da temperatura sobre a cinética de INT para ETU nas situações testadas. Contudo, o pH do meio apresentou maior influência sobre a cinética K3 e teve comportamento inverso ao das situações K1 e K2. Nesse caso, o pH mais elevado favoreceu a velocidade em direção a ETU, enquanto pH ácido reduziu a velocidade da reação.

Com o objetivo de melhorar a interpretação dos resultados anteriormente discutidos e determinar quais condições conduziam a uma menor degradação de Mz a ETU, os autores avaliaram as concentrações de ETU após 48h e 72 h, sob influências das variáveis testadas (pH, T°C e luz) (López-Fernández et al., 2016). Os resultados mostraram que, em geral, o aumento do pH resultou em aumento da concentração da ETU,

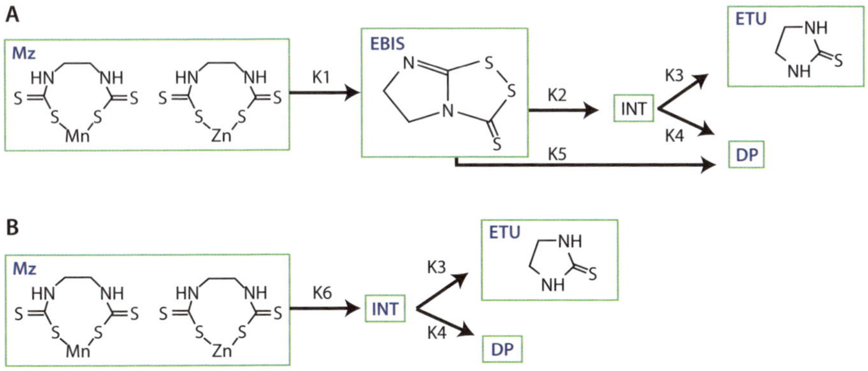

Figura 2.3 Esquemas propostos das reações de degradação do mancozebe. Mz - mancozebe; EBIS – sulfeto de etileno bisisotiocianato; ETU – etilenotioureia; INT – produto de degradação intermediária conforme proposto; DP – outros produtos de degradação.

Fonte: Adaptada de López-Fernández et al. (2016).

independentemente da presença de luz. A mesma tendência foi observada para o efeito da T°C, em que o aumento na temperatura refletiu em maiores concentrações de ETU, até alcançar valores máximos próximos à temperatura de 39°C. O efeito da luz sobre as concentrações de ETU foi variável em relação à temperatura e o pH, mas em geral, a ausência de luz não teve grande impacto na redução da degradação de Mz a ETU.

Etilenobisditiocarbamato, incluindo mancozebe, em suspensão ou dissolvido em água pode ser rapidamente decomposto. De acordo com Lyman e Lacoste (1974), a meia-vida de mancozebe pode ser inferior a 1 dia, quando em suspensão em água estéril. De fato, tem sido observado que a degradação de mancozebe é acelerada por processo de oxidação (Hylin, 1973). Dessa forma, as condições aeróbicas e de umidade do ambiente diminuem significativamente a estabilidade desse composto, conduzindo-o à rápida degradação. Quando o produto está formulado, seja em grânulos solúveis ou suspensão concentrada, o mancozebe encontra-se estável, em função do esgotamento de oxigênio e de umidade no meio.

Muitos trabalhos mostram que o produto final da rota de degradação do mancozebe é o ETU. No entanto, o ETU pode ainda sofrer degradação e originar outros compostos, sendo a EU o principal deles. Ross e Crosby (1973) relataram a degradação de ETU em água. A degradação de ETU é maior em meios com presença de fotossensibilizadores (moléculas capazes de interagir com a luz). Vários fotossensibilizadores foram adicionados a 10 e 25 ppm, em uma solução de ETU e expostos à luz solar. Após quatro dias com um desses fotossensibilizadores (riboflavina), a concentração de ETU era inferior a 5% comparado ao controle no escuro. Outras substâncias têm sido mostradas também como facilitadoras da oxidação de ETU, como triptofano e tirosina (Ross, 1974). Aminoácidos também podem facilitar a conversão de ETU para EU na presença de luz, aparentemente por sua capacidade de formar hidroperóxidos ou outros oxidantes fortes. Considerando as condições de campo, no solo, na matéria orgânica e na água são encontrados diversos aminoácidos e fotossensibilizadores, sendo a degradação de ETU para produtos menos tóxicos, um processo inteiramente plausível nesses ambientes.

O processo de degradação do mancozebe é muito influenciado pela presença de água. É claro, no entanto, que o pH do meio exerce significativas influências no processo. Os produtos identificados pela reação de hidrólise incluem EBIS, ETU e EU. Hidantoína foi identificada como outro composto de degradação do mancozebe, em condições de pH básico (pH=9,0) (Xu, 2000). Em muitos trabalhos, a degradação de Mz é diretamente ligada à formação de EBIS como primeiro produto. No entanto, pode haver via de oxidação de Mz para ETD, sendo o ETD decomposto em EBIS posteriormente (Engst; Schnaak, 1970; Aldridge; Magos, 1978).

Além do efeito marcante da hidrólise, os estudos conduzidos têm mostrado significativo efeito da fotólise no processo de degradação do mancozebe. No entanto, fica claro que a fotólise age em conjunto com a hidrólise e principalmente quando na presença de fotossensibilizantes. A fotólise, por si só, parece não impactar significativamente no que tange a alteração do processo de degradação. Foi o que mostrou um trabalho conduzido no distrito de Newtown, localizado no estado da Pensilvânia, EUA, no qual a fotólise do mancozebe foi estudada em um solo franco siltoso (R & H Companhia, 1987a). Foi utilizado uma exposição contínua (24 horas/dia) à luz solar artificial, por 30 dias, comparado a uma condição no escuro. Os resultados mostraram que, em solo seco, não houve diminuição mensurável na concentração de Mz sob exposição à luz, comparado a condição no escuro. Já em solo úmido, o mancozebe é rapidamente degradado, o que evidencia um efeito mais marcante da hidrólise, em oposição à degradação fotolítica.

Comportamento no solo

O mancozebe é facilmente degradado no solo. Ele diminuiu para níveis não detectáveis em solos não estéreis em três meses (Doneche; Seguin; Ribbereau-Gayon, 1983). O metabolismo de 20 ppm e 10 ppm de ^{14}C-mancozebe foi investigado em solo franco siltoso (não estéril e estéril) sob condições aeróbicas e sequenciais aeróbicas/anaeróbicas, em uma temperatura média de 23 ± 0,6°C (R & H Companhia, 1987a; 1987b). Os solos esterilizados e não esterilizados produziram EU, através de intermediários EBIS e ETU. Uma pequena quantidade de EU foi ainda mais degradada para 2-imidazolina e outros compostos desconhecidos em condições anaeróbicas. Ambos os mecanismos, biológicos e químicos, levam à formação para EU (Kaars Sijpestein; Vonk, 1974; Vonk; Sijpesteijn, 1976).

A mineralização de produtos de degradação de mancozebe para o dióxido de carbono (CO_2) só ocorreu em solos não esterilizados. Por outro lado, não foi possível detectar CO_2 em solos estéreis, indicando que a mineralização foi conduzida principalmente por microorganismos (Xu, 2000).

Adsorção no solo

Um estudo de adsorção/dessorção em solo com ^{14}C-Dithane M-45 foi conduzido em quatro tipos de solo: um solo arenoso da Geórgia, um solo franco-arenoso da Geórgia, um solo franco-siltoso da Pensilvânia e um solo franco-argiloso do Mississippi (R & H Companhia, 1987b). Os valores do coeficiente de adsorção do solo (K_d) após 48 horas foram experimentalmente obtidos pelas medições de ^{14}C. Como o mancozebe comporta-se como um ânion no solo, sua adsorção é muito inferior ao valor experimental indicado de K_d. O parâmetro K_d é uma importante ferramenta na estimativa do potencial de sorção do contaminante dissolvido em contato com o solo. Quanto maior o K_d, maior a tendência do contaminante ficar adsorvido ao solo ou sedimento (Companhia de Tecnologia de Saneamento Ambiental, 2001).

Os valores de K_d com ^{14}C-Dithane M-45 foram 11,67, 9,89, 7,26, 10,13 cm^3/g para solo arenoso, franco-arenoso, franco-siltoso, franco-argiloso, respectivamente (R & H Companhia, 1987b). Os coeficientes de dessorção do solo para oito horas foram 77,88, 35,93, 50,25 e 53,58 cm^3/g, respectivamente. Estes resultados indicaram que o mancozebe e seus produtos de degradação se ligam moderadamente em solos. ETU e seus produtos de degradação foram fracamente adsorvido pelos solos. Seus valores de K_d no solo foram 0,71, 0,67, 1,13 e 0,51 para o solo arenoso, franco-arenoso, franco-siltoso, franco-argiloso, respectivamente.

Mobilidade no solo

De modo geral, o mancozebe é mais móvel em solo úmido e arenoso do que em solo seco e rico em material orgânico (Who, 1988). Seu principal produto de degradação, ETU, tem maior tendência em ser móvel, devido à sua alta solubilidade em água e fraca adsorção no solo (Rajagopal et al., 1984). O mancozebe tem potencial moderado de se movimentar no solo, mas devido à alta taxa relativa de degradação química e microbiana, não é passível de lixiviação para escoamento superficial (Xu, 2000).

Comportamento em plantas

O metabolismo de mancozebe em plantas foi analisado em diversas culturas (Kumar; Agarwal, 1992; Lyman, 1971; Newsome, 1979). Dithane M-45 marcado com ^3H, ^{14}C e ^{35}S foi aplicado em folhas de beterraba e alface para investigar seu metabolismo em plantas (Lyman, 1971). Os seguintes metabólitos foram detectados depois de duas semanas: enxofre elementar, EBIS, ETU, EU, EDA, e 2-imidazolina e íon sulfato. Em batata, baixas concentrações de ETU (0,0022 ppm) e EU (0,0056 ppm) foram encontradas. Uma parcela significativa da radioatividade estava presente, como glicina e EDA em amido.

Uma investigação em plantas de berinjelas revelou os seguintes metabólitos, após 28 dias: ETD, ETU, EU e pequena quantidade de outros compostos desconhecidos. A EU foi detectada como o metabólito predominante, sugerindo a quebra de ETU (composto instável) para EU (composto estável), em condições subtropicais de umidade e alta temperatura (Kumar; Agarwal, 1992). Os pesquisadores reportaram ainda que a meia-vida do mancozebe na planta foi de 10,6 dias. Os resíduos de mancozebe presentes na superfície da planta podem se degradar para ETU *in situ* ou podem ser metabolizados para ETU, seguindo a penetração nos tecidos das plantas (Kumar; Agarwal, 1992). A produção e os resíduos de ETU têm efeitos nocivos para homens e animais. No entanto, esses dados indicam que a EU é o metabólito predominante de mancozebe, em vez de ETU, constituindo o composto final da rota degradativa em plantas.

As substâncias ETU, EDA, EU, 2-imidazole e outros metabólitos desconhecidos são formados em plantas pela degradação e/ou biotransformação dos EBDCs, incluindo o mancozebe (International Union of Pure and Applied Chemistry, 1977). Após a absorção sistêmica de ETU pela planta, EU e 2-imidazoline foram identificados como metabólitos da degradação de ETU. Resíduos de ETU podem ser encontrados em plantas e no ambiente (Lemes et al., 2005). Nash (1975) reportou a presença de 7-10 diferentes produtos de degradação em extratos de metanol em soja, após ambos tratamentos de solo e foliar com EBDC, bem como após o tratamento com ETU. Neste caso, o autor relata que EU era um produto de degradação.

Após a aplicação de mancozebe em plantas, são encontrados metabólitos secundários no tecido foliar. No esquema da Figura 2.4, pesquisadores relatam a presença

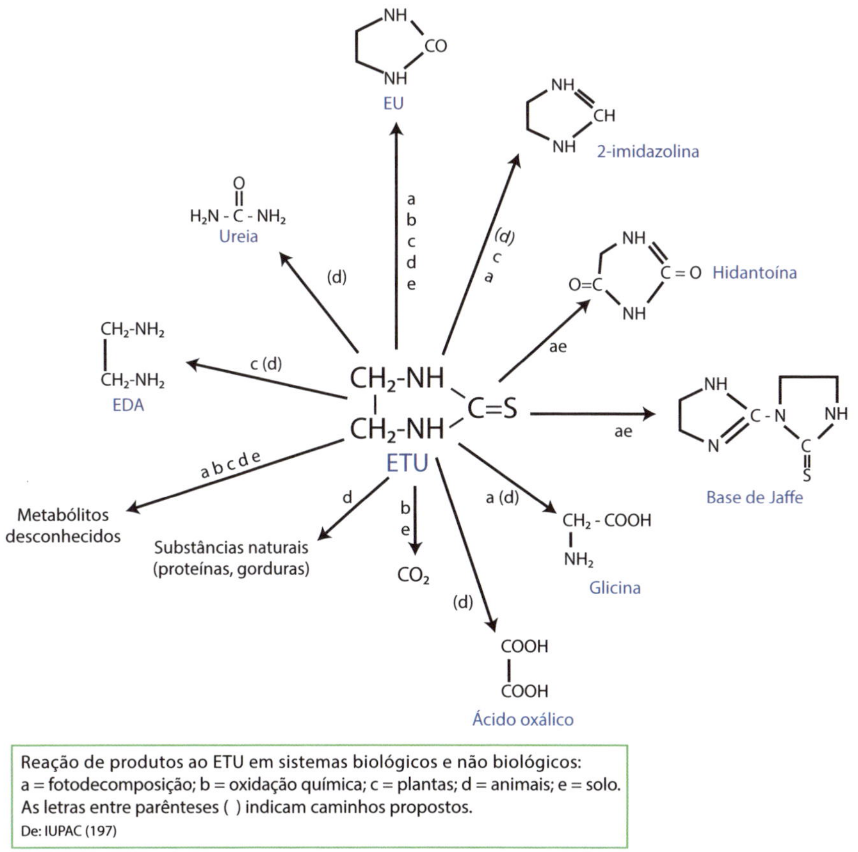

Figura 2.4 Produtos da reação de etilenotiouréia (ETU) em sistemas biológicos e não biológicos (a= fotodegradação, b=oxidação química, c= plantas, d= animais, e e= solo.

Fonte: Adaptada de International Union of Pure and Applied Chemistry (1977).

de ETU em tecidos foliares. Etilenotiouréia em plantas seguem para outros produtos de reação, sendo em (1) 2-imidazoline, (2) etilenouréia, (3) etileno diamina e (4) metabólitos desconhecidos (International Union of Pure and Applied Chemistry, 1977). Ainda não se sabe a fungitoxidade desses metabólitos frente aos patógenos e as alterações causadas nas plantas quando em presença desses compostos.

Comportamento no ar

O mancozebe tem uma pressão de vapor desprezível e um baixo potencial de volatilização para o ambiente (Ligocki; Pankow, 1989; Linde, 1994). No entanto, pode ser encontrado associado a partículas aéreas ou como deriva de pulverização. Em maio de 1993, foi feito um monitoramento em campos de batata antes, durante e após 72 horas da aplicação de mancozebe em lavoura da Califórnia (EUA). Das 32 amostras analisadas, aproximadamente 54% tinham resíduos detectáveis, variando de 0,29 µg / m^3 (0,02 ppb) a 1,81 µg / m^3 (0,13 ppb) (Kollman, 1995).

Classificação do mancozebe

A classificação dos fungicidas é geralmente baseada na mobilidade do produto na planta e no modo de ação do produto contra fitopatógenos.

Mobilidade na planta

O mancozebe é classificado como fungicida protetor, tópico ou imóvel, pois quando aplicado nos órgãos aéreos não é absorvido, nem translocado, permanecendo na superfície da planta ou no local onde foi depositado (do grego *topykos* = lugar). O mancozebe também pode ser chamado de não sistêmico. Essa classificação refere-se à molécula do mancozebe antes de sofrer qualquer metabolização. Como descrito anteriormente, os compostos secundários de degradação podem ser absorvidos pela planta e apresentar atividade sistêmica.

O termo protetor denota a permanência de um resíduo ou componente do princípio ativo sobre a superfície da folha, formando uma camada protetora fungitóxica. Este termo não diz respeito à característica agronômica de período de proteção, comumente conhecido como residual de controle da doença. Deste modo, quando o esporo é depositado nos tecidos suscetíveis e germina, o tubo germinativo entra em contato com o fungicida depositado, absorvendo-o, o que leva posteriormente à morte do patógeno. A chamada ação protetora tem por objetivo evitar a penetração do patógeno nos tecidos foliares, prevenindo as infecções que poderão ocorrer no futuro (Mueller; Bradley, 2008).

Atividade biológica do mancozebe

O mancozebe é considerado um pró-fungicida que, quando exposto a fatores ambientais descritos anteriormente, pode ser decomposto, produzindo subprodutos fungitóxicos (Gullino et al., 2010). Estes compostos têm a capacidade de interferir em enzimas que contêm grupos sulfidrilos (-SH), impedindo reações em cascata. Esta interrupção fatal nos processos enzimáticos é postulada para inibir ou interferir com, pelo menos, seis processos bioquímicos diferentes dentro do citoplasma da célula fúngica e das mitocôndrias (Kaars Sijpesteijn, 1984; Ludwig; Thorn, 1960) (Figura 2.5).

A inibição da germinação de esporos se dá pela interrupção de processos bioquímicos do núcleo do fungo (Szkolnik, 1981; Wicks; Lee, 1982; Wong; Wilcox, 2001) (Figuras 2.6 e 2.7). Por esta razão, ele recebe a classificação de multissítio.

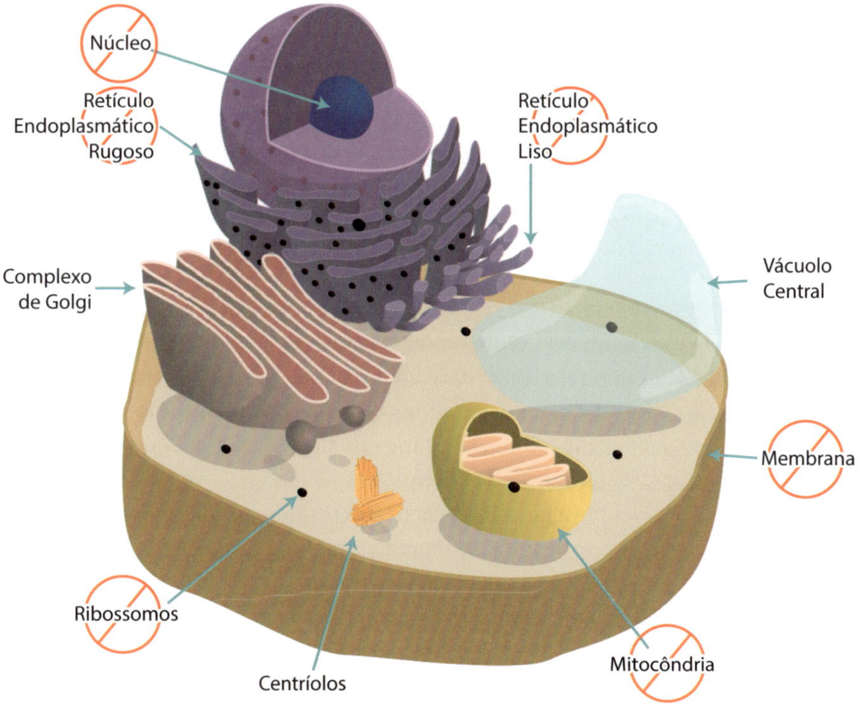

Figura 2.5 Locais de ação dos fungicidas multissítios na célula fúngica.

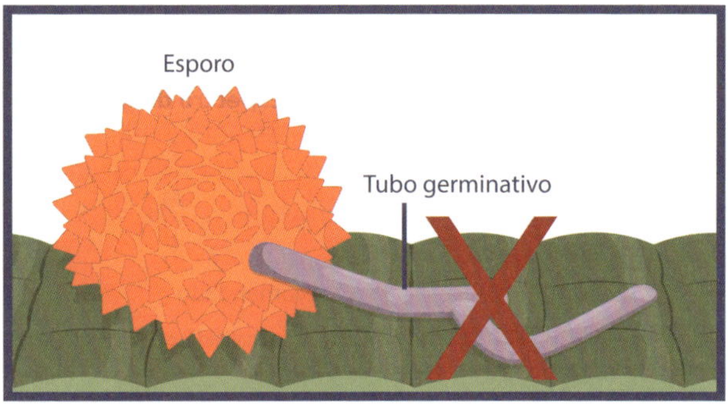

Figura 2.6 Inibição da germinação de esporos pelo fungicida multissítio mancozebe.

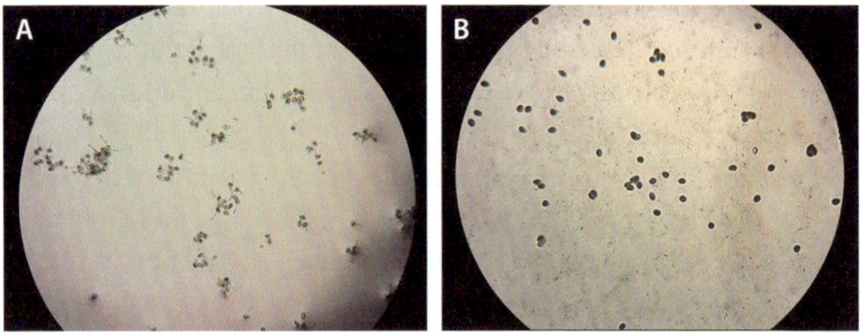

Figura 2.7 Esporos de *Phakopsora pachyrhizi* germinados em solução de água (A) e não germinados em solução de mancozebe (B).

Após a aplicação do mancozebe na planta, o composto permanece na superfície da folha e não penetra através da cutícula, para onde a redistribuição sistêmica poderia ocorrer (Kaars Sijpesteijn, 1982). Por não ter capacidade de se movimentar na folha, necessita de boa cobertura no momento da aplicação (Quadro 2.3).

Devido às características inerentes ao produto, para alcançar maior eficiência no controle das doenças, as aplicações de mancozebe devem ser posicionadas antes da chegada do patógeno na planta (preventivo). Quando mancozebe for depositado na folha, após a infecção, não terá propriedades curativas sobre as lesões já formadas. Nessa situação, atuará apenas sobre o inóculo secundário que está chegando e irá proteger os tecidos sadios remanescentes. No entanto, o desempenho de controle irá reduzir, em função da alta pressão da doença.

Cada partícula de mancozebe consiste em um complexo rico de zinco em torno de um núcleo central de EBDC. Esta estrutura complexada é estável e apresenta baixa solubilidade (Gullino et al., 2010), facilitando a sua comercialização. No entanto, quando o produto é misturado em água e exposto ao ambiente, apresenta instabilidade, resultando em degradação. Essa degradação pela taxa de quebra de

Quadro 2.3 Densidade de gotas mínima/cm² para atingir a eficácia acima de 80% de controle para defensivos agrícolas

Produto		**Gotas/cm²**	**Espectro de gotas**[1]	**Condições**[2]
Fungicida	Sistêmicos	50	F	Favoráveis
			M	Desfavoráveis
	Não sistêmicos	60 a 70	F	Favoráveis
		Não recomendado		Desfavoráveis

[1]**Áreas** com alta densidade de folhas, optar por gotas finas; baixa densidade, gotas médias ou grossas, dependendo do produto; [2]Favoráveis: T < 30 °C, U.R. > 55% e vento ~ 8km h-1, desfavoráveis: T > 30 °C, U.R. < 55% e Vento > 12km h.

mancozebe em EBIS e EBI (etileno bisisotiocianato) pode afetar diretamente a atividade residual do composto na folhagem da planta (Gullino et al., 2010). Assim, uma barreira contínua de mancozebe deve estar presente na superfície foliar, a fim de proporcionar um controle eficaz. Esta barreira poderá ser ameaçada pela chuva, através da diluição e/ou remoção, bem como pelo crescimento da planta, o qual resulta em novos tecidos desprotegidos.

O modo de ação multissítio do mancozebe permite que o produto tenha atividade contra fungos ascomicetos, incluindo oomicetos, basidiomicetos, e fungos imperfeitos (Gullino et al., 2010). Após alguns anos de uso e desenvolvimento contínuos, surgiram registros e reivindicações de eficácia em mais de 70 culturas e 400 doenças diferentes.

Um resumo das culturas, patógenos e um guia para a eficácia geral, resultante de pesquisas bibliográficas foram produzidos com a finalidade de transmitir ao leitor uma ideia da escala e do amplo espectro de mancozebe sobre os patógenos (Gullino et al., 2010). O mancozebe apresentou eficácia de controle sobre alguns fungos dos grupos oomicetos, ascomicetos, deuteromicetos, basidiomicetos e algumas bactérias.

A utilização de mancozebe é direcionada para aplicações foliares. Contudo, o composto também tem utilidade como tratamento de sementes e como fungicida para o mergulho de partes de plantas usadas na propagação vegetativa.

Atividade do mancozebe sobre Ferrugem Asiática da Soja (FAS)

O controle de Ferrugem Asiática da Soja (FAS) tem sido eficientemente alcançado pela utilização de fungicidas. Até recentemente os grupos químicos mais comumente utilizados para manejo de FAS eram os Inibidores da DesMetilação (IDM), os Inibidores da Quinona externa (IQe) e os Inibidores da Succinato Desidrogenase (ISD), os quais têm características sistêmicas e mecanismos de ação em apenas um sítio na célula fúngicas (sítio-específico). Isso significa risco maior de desenvolvimento de adaptações do fungo e uma possível menor eficácia de controle. É o que tem ocorrido em IDM e IQe, grupos de fungicidas que têm apresentado uma grande redução no controle de FAS. Medidas alternativas vêm sendo tomadas para elevar a eficácia do controle químico sobre esse patógeno. A associação desses fungicidas sítio-específicos com os multissítios tem gerado incrementos significativos no controle da doença. Neste aspecto, o mancozebe apresenta maior consistência de resultados frente à *P. pachyrhizi*, comparado aos demais multissítios. Diversos trabalhos têm procurado compreender os processos e as situações em que os incrementos de controle se fazem presentes no patossistema soja – FAS.

Em condições de laboratório

Os dados de germinação dos esporos, realizados em laboratório, mostraram que os fungicidas multissítios mancozebe e cloratalonil apresentam letalidade sobre os esporos de *P. pachyrhizi*. Os dados evidenciam que a germinação de esporos foi inibida pelos fungicidas multissítios, em todas as concentrações testadas (Figura 2.8). Os fungicidas sítio-específicos também foram testados, e a comparação mostra que a germinação de esporos foi reduzida nas maiores concentrações testadas.

Os fungicidas sítio-específicos epoxiconazol (epox) + piraclostrobina (pir) e pir + fluxapiroxade (flux) apresentaram diferenças para a porcentagem de germinação de esporos. A mistura de epox + pir apresentou a menor inibição na porcentagem

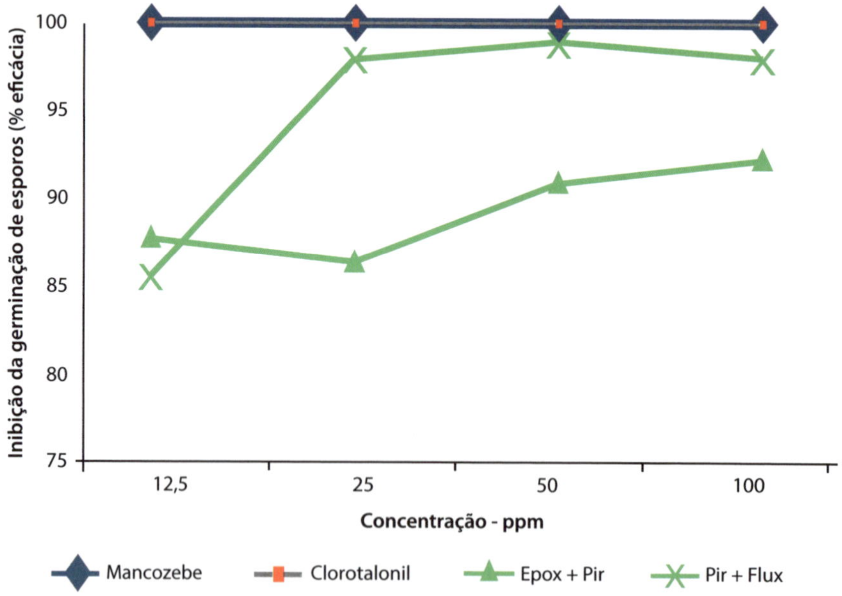

Figura 2.8 Inibição da germinação de esporos (% eficácia) para diferentes concentrações de ingredientes ativos. epox = epoxiconazol; pir = piraclostrobina; flux = fluxapiroxade.

de germinação, mesmo com o aumento da concentração. O fungicida pir + flux apresentou 85,7% de inibição na germinação de esporo na menor concentração. Aumentada a concentração de pir + flux de 12,5 para 25 ppm, a letalidade dos esporos passou para 98%.

Os fungicidas multissítios apresentaram ação letal sobre a germinação dos esporos, reforçando a importância em aplicações preventivas. Baseado nisso, pode-se dizer que a mistura de fungicidas multissítios com sítio-específicos aumenta o espectro de controle sobre o patógeno e a eficácia do tratamento, pois favorece a morte dos esporos que, eventualmente, não tenham morrido com a ação dos fungicidas sítio-específicos.

Em condições de casa de vegetação

Alguns estudos foram conduzidos em casa de vegetação para verificar a performance de mancozebe em aplicações isoladas ou em mistura com outros ingredientes ativos, para o controle de doenças em plantas de soja. As aplicações foram realizadas em trifólios completamente expostos (Figura 2.9). A padronização da aplicação garante que as folhas não se toquem e que recebam a mesma quantidade de ingrediente ativo por unidade de área, com cobertura uniforme de gotas. O estabelecimento da doença ocorreu através da inoculação artificial, com a deposição de uredósporos de *P. pachyrhizi* em ambos os lados das folhas, após 12 horas da aplicação.

Analisando a aplicação de mancozebe em folhas de soja, pode-se dizer que ele apresenta um efeito fungicida sobre *P. pachyrhizi* por retardar o apareci-

Figura 2.9 Plantas de soja com folhas completamente expostas para a pulverização dos tratamentos.

mento da primeira pústula do patógeno, em relação à testemunha, sem fungicida (Figura 2.10).

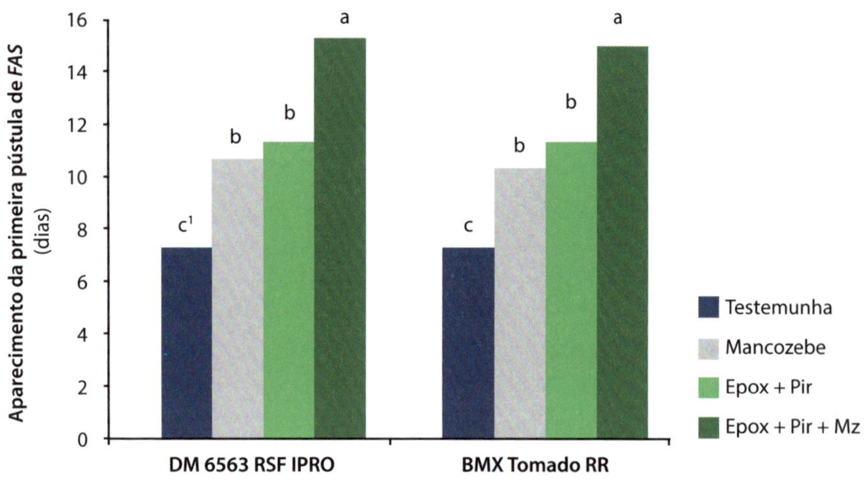

Figura 2.10 Aparecimento da primeira pústula de Ferrugem Asiática da Soja (FAS) em diferentes cultivares de soja e tratamentos fungicidas. Itaara, 2015.

[1]Letras minúsculas (comparam tratamentos fungicidas em cada combinação de cultivar); médias seguidas pelas mesmas letras não diferem entre si pelo teste de Tukey ($P \leq 0.05$). C.V. (%) - (DM 6563 RSF IPRO) = 5.17; C.V. (%) – (BMX Tornado RR) = 4.55. Testemunha: sem aplicação de fungicida; epox: epoxiconazol; pir: piraclostrobina; Mz: mancozebe

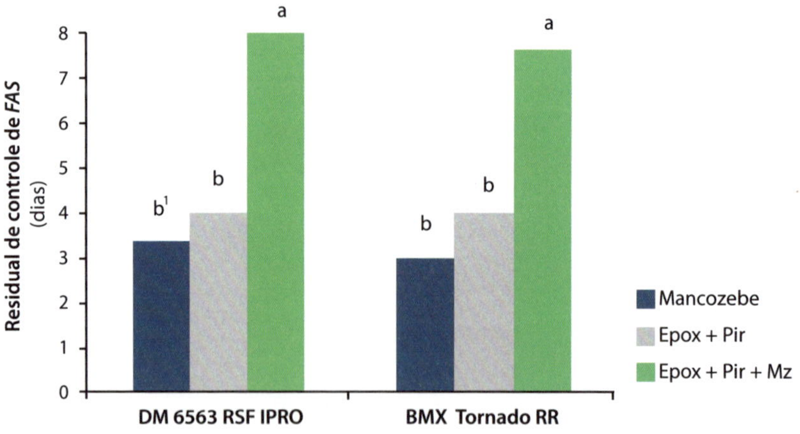

Figura 2.11 Residual de controle de Ferrugem Asiática da Soja (FAS) (dias) em diferentes cultivares de soja e tratamentos fungicidas. Itaara, 2015.

[1]Letras minúsculas (comparam tratamentos fungicidas em cada combinação de cultivar); médias seguidas pelas mesmas letras não diferem entre si pelo teste de Tukey ($P \leq 0.05$). C.V. (%) - (DM 6563 RSF IPRO) = 11.30; C.V. (%) – (BMX Tornado RR) = 9.64. epox: epoxiconazol; pir: piraclostrobina; Mz: mancozebe

Quando se associam mancozebe a epox + pir, pode-se observar um incremento significativo no número de dias para o aparecimento da primeira pústula de *P. pachyrhizi* (NDAPP) e residual de controle do patógeno, em ambas as cultivares (Figuras 2.10 e 2.11). Este ganho no residual de controle foi de 3,67 e 4 dias, para as cultivares 'BMX Tornado RR' e 'DM 6563 RSF IPRO', respectivamente, quando comparado à pulverização de epox + pir sem a associação de mancozebe (Figura 2.11).

A aplicação de mancozebe isolado nas cultivares DM 6563 RSF IPRO (Figura 2.12A) e BMX Tornado RR (Figura 2.12B) reduziu significativamente o progresso

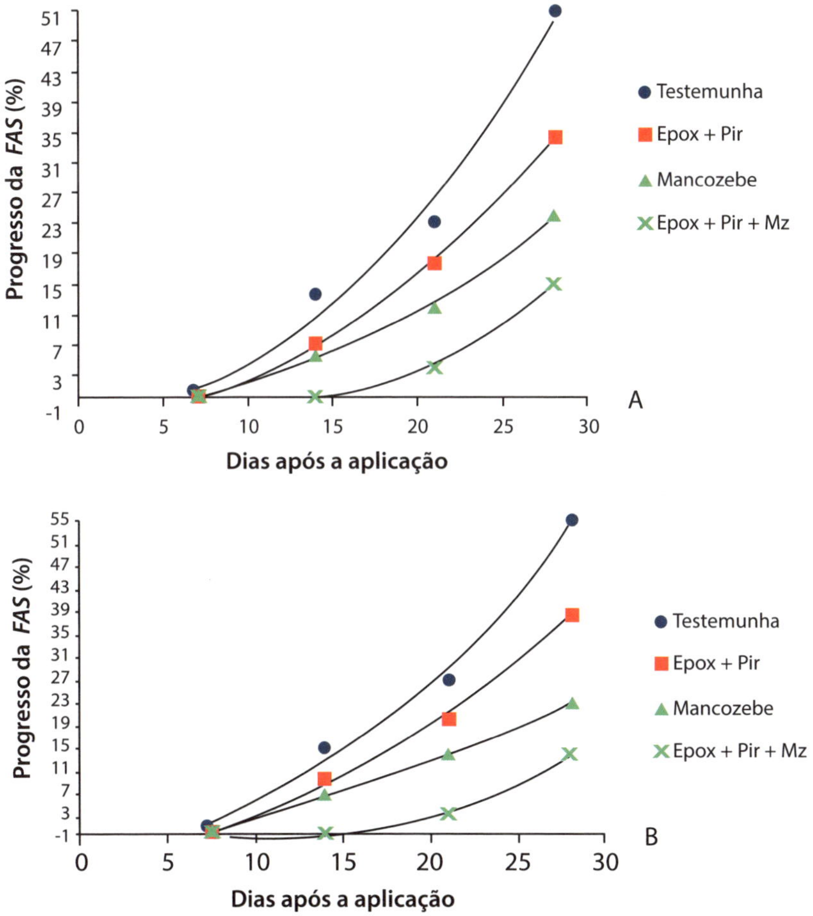

Figura 2.12 Progresso da Ferrugem Asiática da Soja (FAS) em diferentes cultivares de soja e tratamentos fungicidas. Itaara, 2015.

Cultivar DM 6563 RSF IPRO (A) e cultivar BMX Tornado RR (B). Testemunha: sem aplicação de fungicida; epox: epoxiconazol; pir: piraclostrobina; Mz: mancozebe.

de *P. pachyrhizi*. Quando mancozebe foi misturado em solução de aplicação com os ingredientes ativos epox + pir, ocorreu um incremento no controle da doença, comparado a epox + pir isolado.

A análise da variância da Área Abaixo da Curva de Progresso de FAS (AACP*FAS*) mostrou efeito significativo (P<0.05) para a interação de cultivares e tratamentos fungicidas. A aplicação de mancozebe isolado nas duas cultivares de soja teve maior eficácia de controle (com base na AACP*FAS*), comparada com a aplicação de epox + pir (Figura 2.13). Quando mancozebe foi associado em calda de aplicação com epox + pir, houve um incremento significativo na redução da AACP*FAS*, comparado às aplicações de ambos fungicidas isolados.

A instabilidade da molécula de mancozebe permite a geração de vários subcompostos, como visto anteriormente. Um destes, de grande representatividade, é o etilenotiouréia (ETU) que pode acumular-se após a biodegradação do mancozebe. Baseado nisso, um experimento foi conduzido em laboratório para analisar o efeito do metabólito ETU sobre a inibição da germinação de esporos de *P. pachyrhizi*. Foi utilizado uma solução preparada com um padrão puro de ETU nas concentrações de 0,01, 0,05, 0,1, 0,5, 1,0, 5,0, 10,0 e 50 ppm. As diferentes concentrações de ETU evidenciaram um efeito significativo sobre os esporos de *P. pachyrhizi*, inibindo sua germinação. Houve uma resposta ao aumento da concentração de ETU no meio,

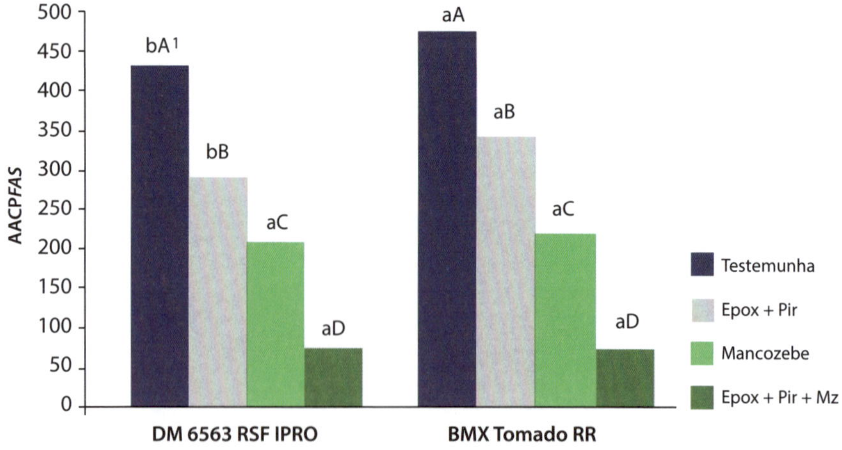

Figura 2.13 Área Abaixo da Curva de Progresso da Ferrugem Asiática da Soja (AACP*FAS*) em diferentes cultivares de soja e tratamentos fungicidas. Itaara, 2015.

[1]Letras minúsculas (comparam cultivares em cada combinação de tratamentos fungicidas; letras maiúsculas (comparam tratamentos fungicidas em cada combinação de cultivar); médias seguidas pelas mesmas letras não diferem entre si pelo teste de Tukey (P ≤ 0.05). C.V. (%) = 3.02. Testemunha: sem aplicação de fungicida; epox: epoxiconazol; pir: piraclostrobina; Mz: mancozebe.

sendo que os maiores percentuais de inibição foram visualizados a partir da concentração de 5 ppm (Figura 2.14). Assim, sugere-se que ETU pode interferir na fisiologia do fungo e afetar diferentes processos bioquímicos dentro do citoplasma da célula fúngica, resultando em controle de *P. pachyrhizi* em plantas de soja.

A eficácia do mancozebe tem relação direta com a possível ocorrência da chuva após a deposição do produto sobre a folha. O produto que permanece sobre a superfície foliar ficará suscetível à remoção pela precipitação. Baseado nisso, alguns estudos conduzidos em casa de vegetação possibilitaram compreender a dinâmica da aplicação de mancozebe, afetada pela lavagem após chuva simulada. Utilizou-se o produto Unizeb Gold® como fonte de mancozebe na dose de 1,5 kg ha^{-1}, associado ao óleo mineral Áureo (0.25% v/v). Os dados evidenciaram que a precipitação interferiu negativamente no desempenho de mancozebe no controle de FAS (Figura 2.15). Quanto mais próximas a aplicação do produto e a ocorrência de chuva, pior é o resultado final de controle. Ainda com base nos resultados, sugere-se que o produto precisa de pelo menos um dia após a aplicação para imprimir seu potencial máximo de eficácia.

Diversos autores relatam que o mancozebe permanece na superfície da folha, após a aplicação, não seguindo para a penetração nos tecidos foliares, e consequentemente, sendo removido pela água, em caso de chuva. Entretanto, foi possível observar um gradiente linear de aumento de eficácia com o atraso da chuva, indicando que traços de mancozebe ou de seus subprodutos permaneceram retidos ou

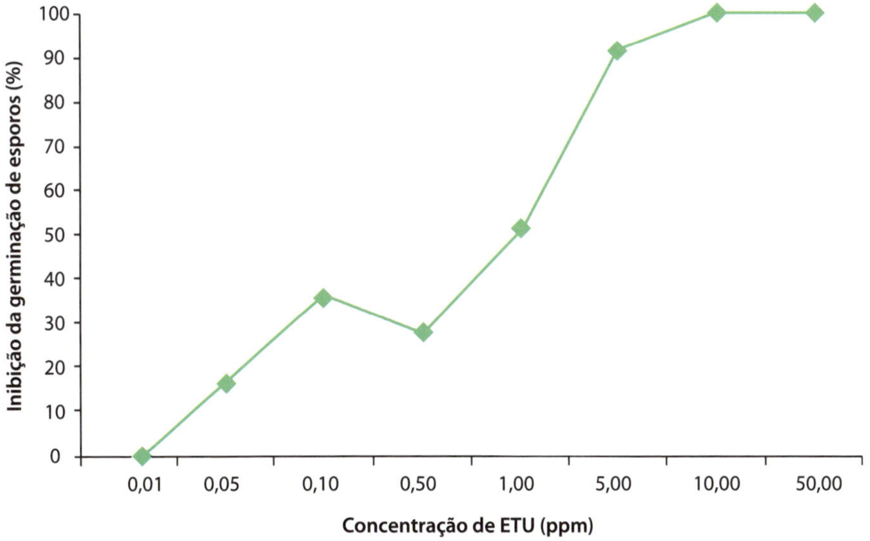

Figura 2.14 Inibição da germinação de esporos (% eficácia) em diferentes concentrações de etilenotiouréia (ETU).

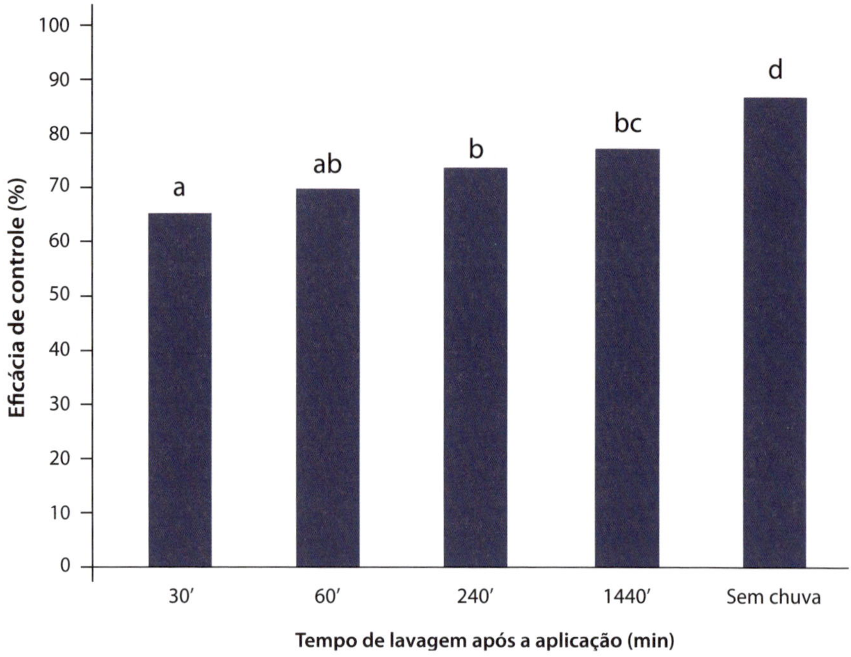

Figura 2.15 Eficácia de controle de Ferrugem Asiática da Soja (FAS) após chuva simulada sobre aplicação de fungicida.

penetrados nos tecidos da folha de soja. Quanto à primeira situação, nota-se que pode haver forte relação entre a formulação do produto e a superfície da planta tratada. Tem-se observado que as formulações em grânulos dispersáveis, recentemente introduzidas no mercado, proporcionam menores perdas após lavagem, comparadas às formulações mais antigas em pó molhável.

Em relação ao segundo cenário, a possibilidade também é factível, pois os resíduos de mancozebe presentes na superfície da planta podem ser degradados para compostos secundários, como por exemplo ETU, sendo absorvidos e translocados nos tecidos das plantas, em função de sua característica sistêmica (Kumar; Agarwal, 1992). Os dados sugerem que metabólitos, como o ETU, podem permanecer na planta após a lavagem, envolvidos no controle do patógeno.

Sobre a aplicação seguida de precipitação, outro estudo foi analisado, com objetivo de verificar se a frequência de chuvas poderia interferir na performance do mancozebe depositado sobre a folha. Para isso, foi padronizado uma chuva simulada de 20 mm, 24 horas após a aplicação do Unizeb Gold® WG à 1,5 kg ha^{-1}, associado ao óleo mineral Áureo (0,25% v/v). Os dados mostraram que a repetição de chuvas sobre o depósito do produto foi prejudicial à eficácia de controle (Figura 2.16). Quando são

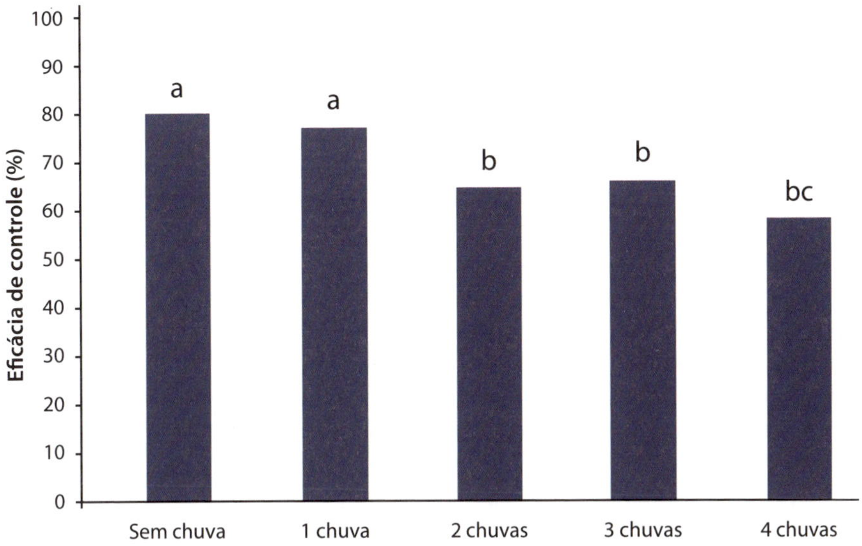

Figura 2.16 Eficácia de controle de Ferrugem Asiática da Soja (FAS) após frequências de chuva simulada sobre aplicação de fungicida.

comparadas intensidades de chuvas (torrencial e leve) relacionadas à eficácia do mancozebe, notou-se que ocorreram maiores perdas após a chuva torrencial, do que com chuvas de menor intensidade (Hunsche, 2006).

De maneira especial, fungicidas protetores, como mancozebe, podem estabelecer uma relação de difusão com as camadas de cera epicuticular da folha (Cabras et al., 2001). Simmons (1980) sugere que o mancozebe exerce uma ligação fraca e uma baixa difusão nas camadas de cera da planta. Assim, o mancozebe torna-se mais exposto com a reduzida tenacidade, resultando em maior suscetibilidade à remoção pela ação da chuva.

Na mesma figura, é notório que quanto maior for a frequência das precipitações, maior será a queda de performance de controle, mostrando que os compostos do produto foram removidos, gradativamente. Essa remoção parcial corrobora o que foi discutido anteriormente, sobre a biodegradação lenta do mancozebe. Neste caso, é possível inferir que os compostos ficam adsorvidos na superfície da cutícula, são removidos gradativamente, ratificando sua classificação de produto residual.

Essa hipótese ganha força baseada na argumentação de outros estudos relacionados ao mancozebe. Simmons (1980) explica que é fundamental a relação entre quantidade e intensidade de chuva sobre a depreciação da eficácia deste produto sobre a planta. Afirma ainda que chuvas torrenciais possuem grande quantidade de gotas grandes e de alta velocidade, exercendo forte efeito sobre a superfície da folha (Simmons, 1980; Ditzer, 2002). Especialmente durante períodos de chuva intensa, a superfície da planta fica completamente coberta por uma película de água, podendo facilitar o processo de solubilização e remoção do princípio ativo (Hartley; Graham Bryce, 1980). No caso de chuvas leves, o escorrimento ocorre lentamente, a partir da coalescência das gotas de água, enquanto que em chuvas intensas, o escorrimento é imediato (Suheri; Latin, 1991).

Desta forma, o impacto mecânico das gotas pode desalojar princípios ativos da superfície, chegando a causar alterações na cutícula da planta (Simmons, 1980). Em diversos trabalhos, Hartley e Graham Bryce (1980) e Thacker e Young (1999) afirmam que o impacto mais forte das gotas pode aumentar a remoção dos pesticidas do tecido da planta. Assim, o que pode conferir resistência do depósito de um princípio ativo à sua lavagem é a sua resistência ao impacto mecânico, especialmente das gotas grandes e da taxa de dissolução do depósito (Kudsk; Mathiassen; Kirknel, 1991).

Outro fator fundamental é a formulação dos produtos, pois formulações em pó molhável (PM) ou grânulos dispersíveis (GD, WG em inglês) têm menor resistência à chuva do que as suspensões concentradas (SC) ou concentrados emulsionáveis (CE) (Van Bruggen; Osmeloski; Jacobson, 1986; Willis et al., 1996). No entanto, é importante ressaltar que mesmo essas últimas formulações podem ser removidas da folha da planta, com chuvas imediatas após a deposição do produto (Wauchope Johnson; Sumner, 2004).

Em condições de campo

Os ensaios conduzidos a campo corroboram as respostas obtidas em laboratório e em casa de vegetação, já discutidos anteriormente. A relação entre os produtos multissítios na cultura da soja e alguns produtos sítio-específico foi investigada. Experimentalmente, trabalhou-se com cada fungicida isolado, em um programa de cinco aplicações na cultura da soja, com exceção do último tratamento (trifloxistrobina + protioconazol) utilizado como padrão, com apenas três aplicações.

Os resultados alcançados revelam que houve variação dos fungicidas quanto à eficácia de controle de FAS (Figura 2.17). Na sua maioria, a eficácia responde ao aumento da concentração do produto aplicado, fator importante relacionado aos multissítios. Uma grande concentração de ingrediente ativo é necessária para uma alta eficácia, sendo uma particularidade deste grupo químico que é tópico ou imóvel no tecido da folha. Por isso, as concentrações mais baixas apresentaram menores eficácias, refletindo em menor produtividade.

É importante ressaltar que este trabalho teve finalidade experimental e sua prática a campo, utilizando aplicações isoladas de fungicidas protetores, não é recomendada. O indicado é adicionar os fungicidas multissítios com os sítio-específicos, para incrementar a eficácia e manter a vida útil destes últimos.

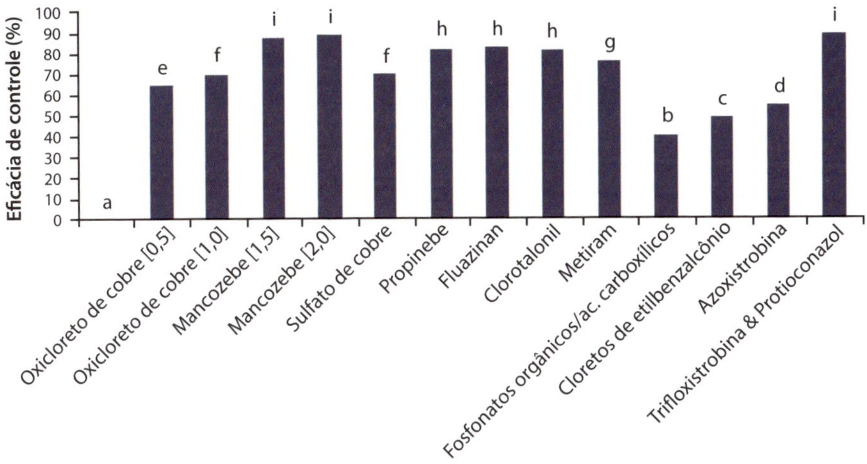

Figura 2.17 Comparativo entre os fungicidas multissítios posicionados sobre o patossistema FAS - Soja.

Partindo do estudo dos produtos isolados, o efeito da adição ou não do mancozebe foi analisado em todas as aplicações com produtos à base de triazol (Tz) + estrobilurina (Est). O acúmulo de doença foi bastante significativo no experimento conduzido, sendo a eficácia dos tratamentos calculada com base nos dados de severidade da doença e cálculo da Área Abaixo da Curva de Progresso da Ferrugem.

Os dados evidenciam o benefício da utilização de mancozebe, associado com as misturas de triazol (Tz) + estrobilurina (Est) (Figura 2.18). O incremento de controle, representado pela menor quantidade de doença, foi dependente da adição desse multissítio, observando os pares de tratamentos com e sem mancozebe. Os tratamentos com maiores respostas de eficácia foram aqueles em que a mistura Tz + Est apresentou a menor eficácia de controle quando isolado. Entretanto, mesmo nos tratamentos com fungicidas Tz + Est com maior eficácia, a adição do mancozebe incrementou o controle, porém com menores percentuais.

É importante ressaltar que o acréscimo de eficácia com o mancozebe não é proporcional para todos os produtos, sendo maior quanto menor for a eficácia do fungicida acompanhante isolado. Assim, criam-se dois argumentos técnicos principais quanto ao uso de mancozebe em misturas com produtos sítio-específicos. O primeiro refere-se ao aumento da eficácia de controle a campo e o segundo está ligado à proteção das moléculas contra resistência, assim proporcionando maior vida útil dos fungicidas sítio-específicos. Esse segundo argumento justifica o posicionamento de mancozebe junto aos produtos que apresentam alta eficácia de controle.

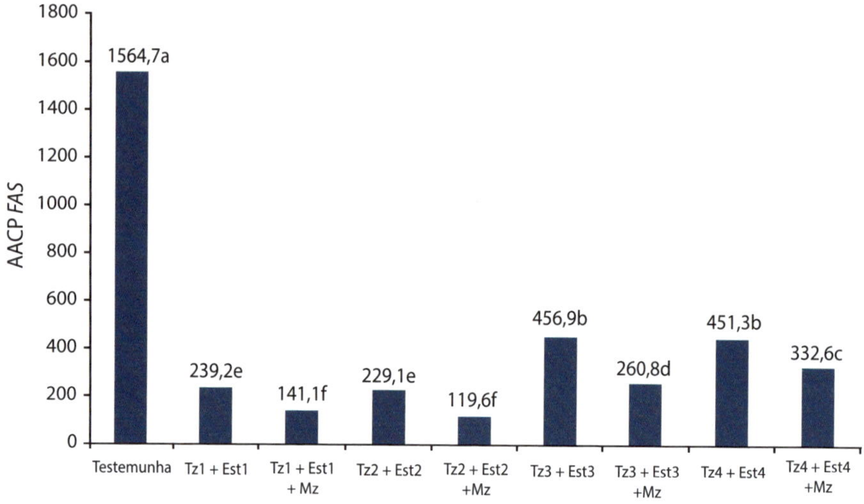

Figura 2.18 Adição ou não de mancozebe (Mz) ao triazol (Tz) + estrobilurina (Est) sobre a Área Abaixo da Curva de Progresso da Ferrugem Asiática da Soja (AACP*FAS*). Tz^1+Est^1 [Azoxistrobina + Ciproconazol], Tz^2+Est^2 [Trifloxistrobina + Ciproconazol], Tz^3+Est^3 [Piraclostrobina + Epoxiconazol], Tz^4+Est^4 [Azoxistrobina + Difenoconazol].

Diferentemente do estudo anterior, em que todas as aplicações foram realizadas com adição de mancozebe, este estudo teve como objetivo verificar qual foi o número de adições do multissítio e em quais momentos isso foi necessário. Os resultados foram extraídos de uma série de ensaios compilados, resultando em maior segurança para a informação.

De acordo com os dados, a adição de mancozebe em todas as aplicações dentro do programa, atingiu os maiores valores de produtividade e eficácia, com estatísticas semelhantes aos programas de duas e três aplicações (Figura 2.19). Esta é a melhor estratégia do ponto de vista de proteção dos fungicidas sítio-específicos ou antirresistência, pois todas as aplicações são posicionadas com diferentes mecanismos de ação letais ao patógeno, conferindo maior espectro de controle. No entanto, quando foi retirada uma aplicação de mancozebe do programa, permanecendo três aplicações, a eficácia permaneceu alta, mas a produtividade variou. Neste caso, a primeira aplicação no estádio vegetativo (V6>R1>18d) foi estatisticamente inferior ao tratamento, onde foi utilizado na última aplicação (R1>18d>15d). Vale ressaltar que, em situações de plantios atrasados ou de soja safrinha, estes resultados podem sofrer alterações e o melhor tratamento será o completo, com mancozebe em todas as aplicações.

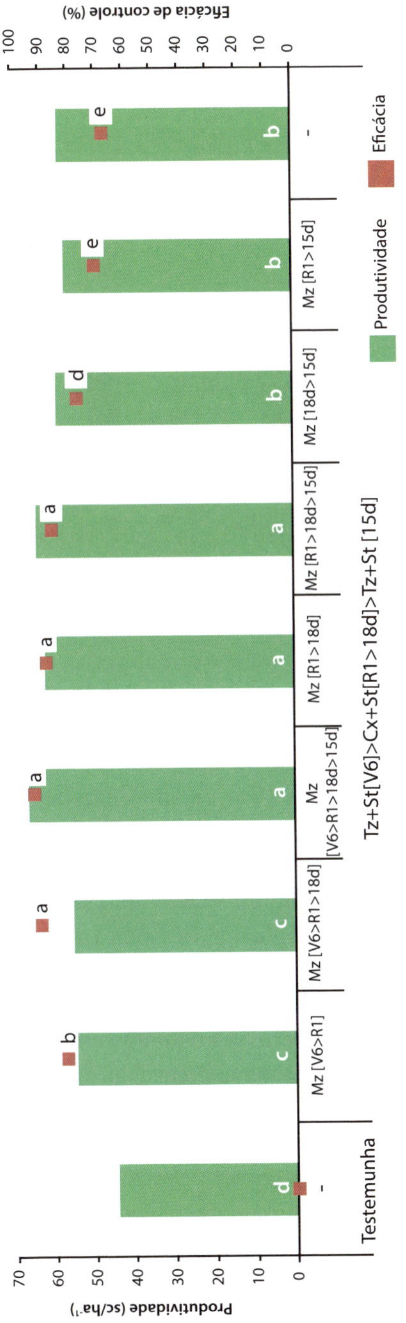

Figura 2.19 Posicionamento de mancozebe (Mz) dentro do programa de aplicação contendo triazol (Tz), estrobilurina (St) e carboxamida (Cx) na cultura da soja.

No caso de duas aplicações com adição de mancozebe, as diferenciações ficam mais evidentes. O cenário que apresentou resposta mais efetiva foi com a utilização das duas adições, a primeira no estádio R1, seguido da outra, 18 dias após, exatamente quando foram posicionadas as aplicações de carboxamidas. Nesse caso, o posicionamento foi preventivo, antes de um aumento expressivo na severidade da doença. Houve uma grande inflexão da curva de avanço da doença (alta pressão de doença). Esse momento ocorre, geralmente, após o início do período reprodutivo, em função da maior quantidade de inóculo, motivos fisiológicos da planta e condições ambientais favoráveis ao patógeno. É interessante comparar tal cenário com as duas aplicações de mancozebe posicionadas no final (18d > 15d). Nesse caso, o incremento de controle e de produtividade foi menor. Isso pode ter ocorrido em função do momento de posicionamento mais tardio, após a evolução acentuada da doença e alta taxa de progresso. Nesse caso, o desempenho de produtos protetores é menor. O mesmo ocorreu nos outros cenários com duas aplicações, que não evidenciam respostas satisfatórias, pois foram muito cedo ou muito tarde, ou ainda, com intervalo muito longo entre as aplicações.

O intervalo entre as aplicações de fungicidas, dentro do programa, tem forte relação com o residual de controle das aplicações. A tomada de decisão sobre o dimensionamento deste intervalo é fundamental para o controle combinado, especialmente com a adição de mancozebe. No estudo abaixo, foi possível observar que o programa de aplicações foi o mesmo até o final, variando apenas o intervalo das aplicações após R1 (Figura 2.20).

Observando somente as colunas verdes, onde não foi adicionado mancozebe, o aumento do intervalo de aplicação após R1 foi extremamente prejudicial para o controle da doença. A melhor resposta foi quando o intervalo de aplicações ficou em 14 dias, mantendo a proteção da planta com maior eficiência. Quando adicionado mancozebe nas aplicações do programa, o efeito prejudicial do aumento do intervalo, comentado acima, foi amenizado. A adição do multissítio garantiu maior espectro no controle de população da ferrugem, mantendo a proteção por mais tempo, o que permitiu atingir repostas positivas até com 18 dias de intervalo. Vale ressaltar que o uso do mancozebe não permite ao produtor fazer intervalos acima de 20 dias. Como observado, mesmo com este complemento, o controle foi menor pela utilização dos intervalos de 21 e 25 dias entre a aplicação de R1, resultando consequentemente em menor produtividade.

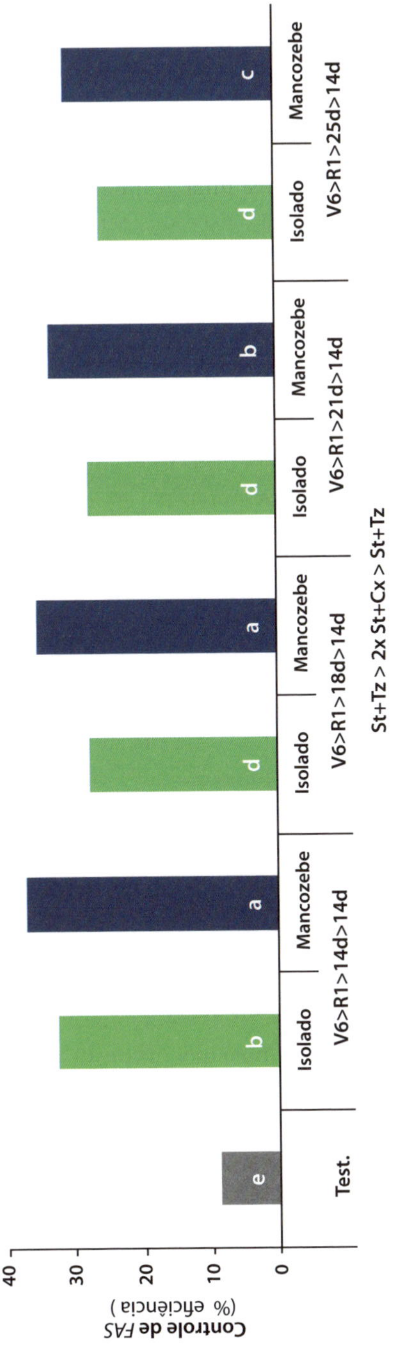

Figura 2.20 Posicionamento de mancozebe (Mz) dentro do programa de aplicação contendo quatro aplicações de sítio-específicos.

Formulação do mancozebe

Formulação é a preparação dos componentes ativos na concentração adequada, de forma que o agrotóxico permaneça estável em condições de armazenamento e transporte, mantendo a atividade biológica (Costa; Margherits; Marsico, 1974).

O propósito de formular um fungicida ou demais agrotóxicos é:

- Facilitar a aplicação: a formulação de um fungicida permite que uma pequena quantidade do produto seja misturada com um volume maior de calda por hectare (veículo água ou óleo), permitindo uma aplicação uniforme em grandes áreas.
- Melhorar o desempenho do produto: de acordo com o tipo de formulação é possível aumentar a concentração de ingrediente ativo (i.a.) por volume, incrementando a eficácia de controle. No entanto, o aumento demasiado da concentração, poderá levar a problemas de fitotoxidade, se a formulação for inadequada.
- Estabilidade: a estabilidade de um fungicida está relacionada ao período em que o produto permanece dentro da embalagem, sob temperatura e luz adequadas, sem apresentar incompatibilidades físicas ou químicas.
- Segurança: a formulação de um fungicida dilui o ingrediente ativo e seu efeito tóxico agudo. Assim, o responsável pela aplicação ficará exposto a concentrações mais baixas do produto.

A formulação de um fungicida pode ser feita de diferentes maneiras.

O mancozebe é insolúvel em solvente orgânico como mostrado no esquema da Figura 2.21.

Ele pode ser encontrado em produtos comerciais na formulação em pó molhável (WP - Wettable Powder) e grânulos dispersíveis (WG - Water Dispersible Granule). O WP é um tipo de formulação sólida para ser diluída em água e, posteriormente, ter aplicação por via líquida. Na sua composição, entra o veículo sólido (mineral de argila), que absorve o ingrediente ativo na sua superfície. Sobre o veículo são adicionados os adjuvantes (agentes molhantes, dispersantes, antiespumantes, estabilizantes, etc.) que possibilitam o rápido molhamento e propiciam a formação de uma dispersão razoavelmente estável.

Quando diluído em água, o WP forma uma mistura homogênea de sólido no meio aquoso (suspensão) que, por sua vez, não é tão estável e necessita de agitação contínua para que a calda se mantenha homogênea. O atrito de partículas sólidas nas passagens estreitas do pulverizador (válvulas, bicos) provoca desgastes acentuados do equipamento, podendo causar o entupimento das pontas de pul-

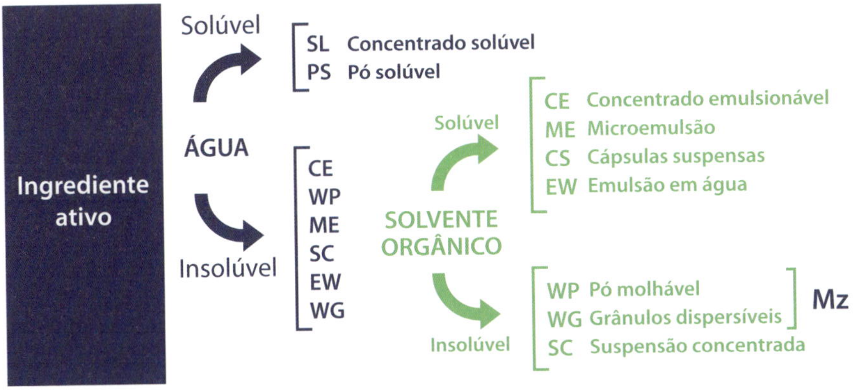

Figura 2.21 Tipos de formulações de ingredientes ativos, em função da solubilidade.

verização. Apesar das suas limitações, o WP é uma formulação mais barata que outras equivalentes.

O mancozebe pode ser também encontrado no mercado em formulação WG, um tipo de formulação mais moderna que a WP. Em contato com a água, ela se dispersa prontamente, formando uma solução estável. A vantagem em relação à formulação WP é a maior facilidade de manuseio do produto e menor risco de contaminação pelo aplicador no momento da preparação da calda, pela não formação da "nuvem" de pó.

As formulações WG e WP têm a capacidade de carregar consigo alta concentração de ingrediente ativo (g kg^{-1}), ao contrário das formulações líquidas, que não permitem altas concentrações em razão de sua baixa estabilidade.

Outra particularidade importante no uso dessas formulações é que a dosagem é em peso por área (kg ha^{-1}). Muitas vezes, ocorre a necessidade de realizar a pré-mistura em recipientes à parte, em que se adiciona uma dose do produto e água, formando uma pasta fluida, posteriormente adicionada ao tanque do pulverizador.

Registro de mancozebe em culturas

O mancozebe tem amplo espectro de ação no controle de moléstias que atacam diversos cultivos. No Brasil, ele é registrado para aplicação foliar em 46 culturas: abacate, abóbora, algodão, alho, amendoim, arroz, banana, batata, berinjela, beterraba, brócolis, café, cebola, cenoura, cevada, citros, couve, couve-flor, cravo, crisântemo, dália, ervilha, feijão, feijão-vagem, figo, fumo, gladíolo, hortênsia, maçã, mamão, manga, melancia, melão, milho, orquídeas, pepino, pera, pêssego, pimentão, repolho, rosa, seringueira, soja, tomate, trigo e uva (Agência Nacional de Vigilância Sanitária, 2016). Destas culturas, 37 são de uso alimentar.

O mancozebe desempenha um papel importante nas culturas de produção em áreas pequenas, ou culturas que apresentam menor contribuição para a dieta humana. O número de fungicidas disponíveis para esses produtores é limitado, em razão de um mercado relativamente pequeno.

Ainda que uma pequena cultura possa ter importância econômica para determinado país ou região, o retorno comercial pode não ser atraente o suficiente para justificar o custo de obtenção de um registro para determinado fungicida (Hewitt, 1998). A falta de uma gama de fungicidas com diferentes modos de ação em pequenas culturas impõe aos produtores uma difícil gestão do potencial de desenvolvimento da resistência a doenças (Bielza et al., 2008). O mancozebe é uma ferramenta particularmente importante nessas culturas, pela ampla variedade de registros e utilidade no manejo do risco de resistência (Gullino et al., 2010).

3

O fungicida na fisiologia de plantas de soja

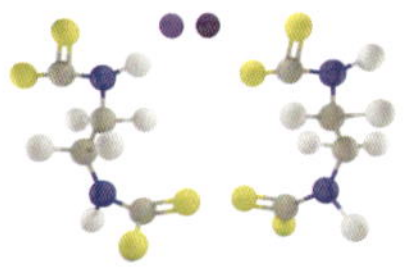

Os fungicidas são uma classe de agrotóxicos fundamental para o controle efetivo de doenças de plantas. A maioria das plantas cultivadas são atacadas por patógenos que causam reduções significativas no rendimento, impactando em menor quantidade de alimentos e perda de lucratividade para o produtor.

Muitos dos trabalhos de pesquisa que tratam do impacto dos fungicidas na agricultura tratam da sua eficácia no controle de fitopatógenos ou na presença de resíduos em culturas (Saladin; Magné; Clément, 2003). Os fungicidas são considerados fonte química potencial de estresse em plantas (Quadro 3.1) (Nilsen; Orcutt, 1996). Aliado a isso, poucas investigações têm explorado a resposta das plantas expostas a defensivos químicos (García et al., 2003; Petit et al., 2008). A aplicação de fungicidas pode afetar diretamente diversos processos fisiológicos e bioquímicos, refletindo em redução do crescimento, perturbação no desenvolvimento dos órgãos reprodutivos, alteração no metabolismo de carbono e nitrogênio e antecipação do processo de senescência (Dias, 2012; Petit et al., 2012). À capacidade dos fungicidas de causar estresse temporário ou permanente às plantas denomina-se fitotoxidade.

Dentre os principais processos vitais afetados, aqueles dependentes do oxigênio, como respiração aeróbica, fotossíntese e fotorrespiração, podem contribuir significativamente para formação de Espécies Reativas de Oxigênio (EROs) e induzir a um estresse oxidativo generalizado na planta.

Os sintomas podem se manifestar de diversas formas. Os mais comuns são observados nas folhas, órgãos mais expostos aos fungicidas, que podem apre-

Quadro 3.1 Algumas fontes de estresse em plantas.

Físico	Químico	Biótico
Déficit hídrico	Poluição do ar	Competição
Excesso hídrico	Metais pesados	Alelopatia
Temperatura	Agrotóxicos	Herbivoria
Radiação	Toxinas	Doenças
Vento	pH do solo	Fungos patogênicos
Campo magnético	Salinilidade	Vírus

Fonte: Adaptado de Nilsen e Orcutt (1996).

sentar clorose, devido à destruição parcial ou completa de cloroplastos (Figura 3.1). Em situações avançadas, ocorre a necrose dos tecidos mais atingidos ou mesmo deformações e engrossamentos de folhas. Alguns desses sintomas, quando graves, podem acelerar o processo de senescência e refletir em queda antecipada de folhas.

Figura 3.1. Detalhes dos sintomas observados em folhas de soja expostas a fungicida com potencial fitotóxico.
Foto: Marcelo Madalosso

Dinâmica do produto × planta e a ocorrência de fitotoxidade

De maneira geral, os agrotóxicos são considerados compostos estranhos para as plantas. No caso de fungicidas, os efeitos tóxicos são pequenos, e na maioria das vezes, a planta consegue amenizar o estresse a ponto de passarem despercebidos visualmente, com prejuízos mínimos ou nulos para a planta (Figura 3.2). Por outro lado, quando a fitotoxidade se torna visível pode haver danos irreversíveis às plantas.

É evidente que a ocorrência de fitotoxidade está muito atrelada a produtos ou grupos químicos de fungicidas específicos (Petit et al., 2012). No entanto, a ocorrência de fitotoxidade não é uma regra. Mesmo utilizando produtos com potencial fitotóxico, a fitotoxidade poderá se tornar visível em algumas situações, e não em outras. Há vários fatores que afetam a dinâmica da relação produto × planta e, assim, a ocorrência de fitotoxidade (Figura 3.3). A atividade do fungicida é influen-

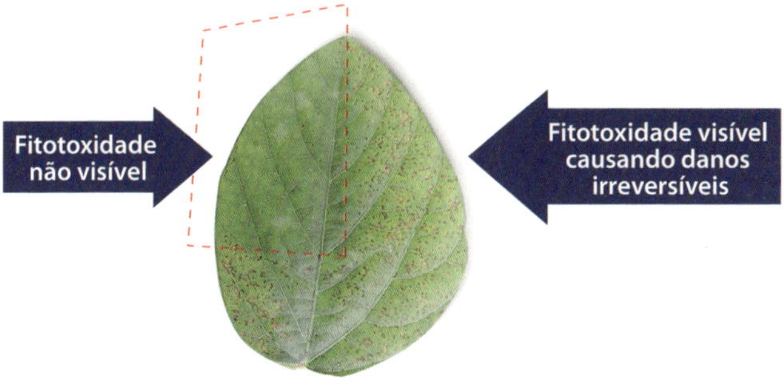

Figura 3.2 Sintomas de fitotoxidade de fungicida em folha de soja.
Foto: Leandro Marques.

Fatores que afetam a fitotoxidade

Planta	Ambiente	Produto	Tecnologia de aplicação
Fatores genéticos Cutícula Grupo de maturação Estádio fenológico Idade de tecidos Conteúdo de água Atividade transpiratória Estado nutricional	Temperatura Umidade Vento Radiação solar Ozônio	Formulação Lipofilicidade Solubilidade Volume molecular	Adjuvantes Tamanho de gota Retenção Espelhamento Volume de calda Horário de aplicação Deposição de gotas Misturas de tanque pH de calda

Figura 3.3. Fatores que afetam a dinâmica da relação produto x planta e a ocorrência de fitotoxidade nos tecidos.

ciada por fatores ligados à planta, ao ambiente, a propriedades físico-químicas dos produtos e à tecnologia de aplicação.

Os principais grupos de fungicidas utilizados no controle de doenças de parte aérea da soja possuem mecanismo de ação sítio-específico. Dentre esses, estão os que atuam na síntese de ergosterol (inibidores de desmetilação -IDM) e os que afetam a respiração mitocondrial, como os Inibidores da Quinona externa (IQe) e os Inibidores da Succinato Desidrogenase (ISD). A queda de eficácia dos produtos com estas misturas levou à busca por fungicidas com ação em múltiplos sítios, como é o caso do mancozebe.

Os maiores relatos de fitotoxidade em soja são relacionados a fungicidas IDM e misturas de IDM + IQe (Godoy; Canteri, 2004). Além da soja, sintomas de fitotoxidade por IDM são relatados também em outras culturas (Marques et al., 2016; Vawdrey, 1994; Dickens, 1990; Holderness, 1990). Dos representantes deste grupo, o tebuconazol é um dos fungicidas com maior potencial de causar fitotoxidade em plantas (Godoy; Canteri, 2004; Hunt; White; Poole, 2008). Além dele, situações de uso de metconazol e protioconazol também tem refletido em sintomas de fitotoxidades em folhas de soja.

Primeiramente, tem sido notado uma variabilidade bastante grande na sensibilidade de diferentes espécies de plantas e também entre cultivares da mesma espécie, quanto à exposição a fungicidas. Essa variabilidade pode estar ligada a fatores genéticos que determinam maior ou menor capacidade de desintoxicação e respostas antioxidantes, ou mesmo, a fatores ligados à estrutura e composição de cutículas foliares. Além disso, a sensibilidade aos efeitos fitotóxicos pode depender da fase de desenvolvimento da planta, que está atrelada à idade dos tecidos (Petit et al., 2012).

Entre os fatores ligados à planta, o conteúdo de água nos tecidos é bastante determinante. Uma folha em condições normais, com bom conteúdo de água em seu estado túrgido, apresenta condições favoráveis à penetração de produtos químicos, sua translocação e redistribuição nos tecidos, como por exemplo: (i) menor espessura de cutícula; (ii) maior afastamento das camadas de cera com mais espaços polares; (iii) predomínio de ceras menos lipofílicas (Figura 3.4).

Maior penetração significa que o produto passa mais eficientemente pela cutícula, tem seu movimento translaminar otimizado e, portanto, menor probabilidade de fitotoxidade. Em uma situação adversa, a dinâmica dos produtos pode ser alterada pela falta de água no solo e pelo reduzido conteúdo de água na planta. A hidratação reduzida impacta em: (i) maior deposição de ceras cuticulares e maior espessamento de cutícula; (ii) aproximação das camadas de ceras e redução dos espaços polares; (iii) alteração na composição dos lipídios, com maior predominância aos hidrofóbicos de cadeia longa. Tais modificações podem refletir em dificuldades de

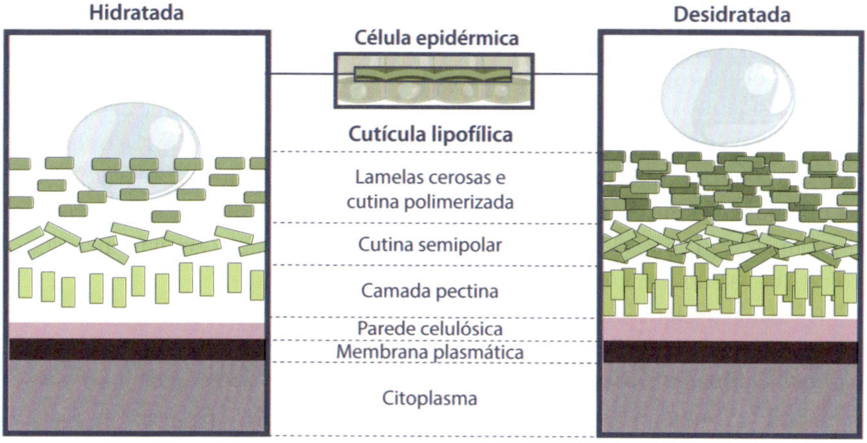

Figura 3.4 Diagrama da interação da gota com o perfil da folha submetida à hidratação e desidratação.

penetração dos agrotóxicos, bioacumulação por formação de depósitos nos pontos de deposição e, assim, maior propensão à ocorrência de fitotoxidade.

Fatores ligados ao ambiente, temperatura e umidade exercem significativa influência na dinâmica produto × planta. Tais parâmetros implicam diretamente na velocidade de secagem das gotas pulverizadas. Gotas hidratadas apresentam uma forma amorfa, ou seja, podem ser facilmente moldadas e acomodadas no caminho da difusão para penetrar na cutícula. Já quando as gotas secam pela evaporação da água, cristais do ativo podem ser formados, impondo dificuldade de penetração na cutícula. Isso ocorre porque os cristais adquirem formas definidas, com superfícies planas e arestas, dificultando o caminho da difusão. Dados obtidos em casa de vegetação evidenciam uma maior ocorrência de fitotoxidade do fungicida trifloxistrobina (trif) + protioconazol (prot) em plantas que ficaram expostas a temperaturas mais elevadas (Figuras 3.5 e 3.6).

As propriedades físico-químicas dos produtos têm forte correlação com o conteúdo de água na planta e a composição da cutícula foliar, o que ajuda a explicar problemas com fitotoxidade. Podemos encontrar rotas apolares na cutícula, com maior deposição de compostos lipofílicos, e rotas polares com compostos de maior afinidade com a água. Isso significa que, dependendo da atração do produto por água ou por substâncias graxas, o caminho de penetração pode ser diferente e ainda haver maior ou menor propensão a permanecer retido nessas camadas (Figura 3.7).

Figura 3.5 Representação da deposição da gota e formação dos depósitos hidratados e cristalizados.

Fonte: Adaptada de Hess e Falk (1990).

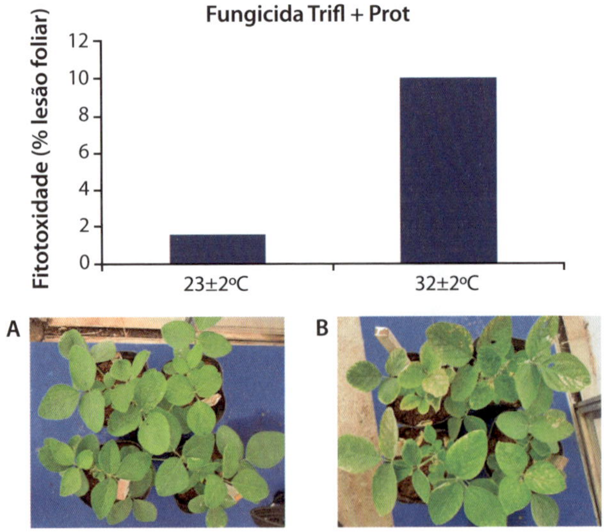

Figura 3.6 Efeito da temperatura na ocorrência de fitotoxidade do fungicida em soja. Exposição das plantas ao fungicida trifloxistrobina (trifl) + protioconazol (prot) a 23±2°C (A) e 32±2°C (B).

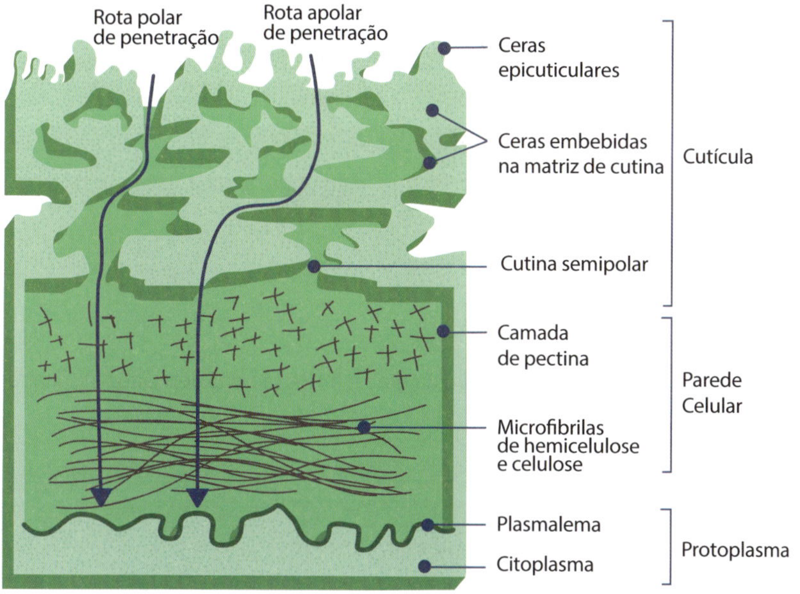

Figura 3.7 – Rotas de penetração de produtos na folha via polar ou apolar.
Fonte: Adaptada de Ashton e Crafts (1981).

As principais propriedades que definem isso são a solubilidade em água (g ou mg L^{-1}) do composto e a lipofilicidade, definida como o logaritmo do coeficiente de partição do composto entre os meios octanol e água ($logP_{ow}$) (Figura 3.8). A dinâmica do efeito da solubilidade é similar à dinâmica do efeito dos valores de $logP_{ow}$. O composto tende a ser menos solúvel em água à medida que aumentam os valores de $logP_{ow}$. Ou seja, este é um dos motivos da importância do conteúdo de água na planta e da atividade transpiratória. Em condições de reduzida hidratação, certos ativos tendem a ficar retidos em pontos específicos, gerando bioacumulação e, consequentemente, problemas de fitotoxidade.

Fatores ligados à tecnologia de aplicação são variados. Quando as plantas atingem um alto índice de área foliar acompanhado do fechamento da entrelinha, cria-se uma barreira física à penetração de gotas para o dossel inferior das plantas. É comum observarmos que a maioria das gotas pulverizadas são depositadas nas folhas da parte superior, fazendo com que a dose do fungicida possa ser até quatro vezes maior que a indicada (Figura 3.9). Isso pode incrementar os riscos de fitotoxidade, em função da alta concentração de ativo nas folhas superiores. Tal concentração de produto também pode ser impactada pelo volume de calda utilizado. O uso de menores volumes de calda aplicada por hectare é muito comum, com o objetivo

Figura 3.8 Diferenciação esquemática da lipofilicidade dos produtos.

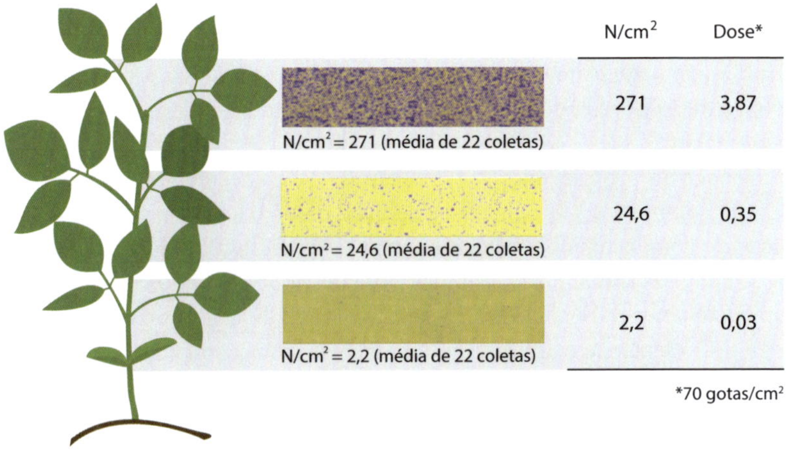

Figura 3.9 Penetração de gotas no interior do dossel da cultura da soja e sua relação com a dose do produto aplicado.

de aumentar o rendimento logístico e operacional da operação. Tal prática geralmente vem precedida da diminuição do tamanho de gotas que serão suscetíveis à extinção e propensas à formação de depósitos cristalinos sobre as folhas.

A excessiva redução do volume de calda por hectare aumenta a concentração química dentro do tanque e predispõe às interações indesejadas entre os ingredientes ativos e inertes misturados. Estas incompatibilidades podem ser de ordem física, floculação, separação ou precipitação, ou ainda de ordem química, dissociação iônica (pH baixo), hidrólises alcalinas (pH alto) ou inativações por radicais nas moléculas dos produtos (Madalosso et al., 2014).

Outro ponto a observar é a dosagem do adjuvante a ser utilizado. A utilização de dose em L ha^{-1} ou de dose em volume por volume de calda aplicado (v/v) pode implicar em diferenças quanto ao potencial fitotóxico da solução. A redução do volume de calda implica necessariamente na redução proporcional da dose de adjuvante, a fim de minimizar os problemas com fitotoxidade. Entretanto, esta compreensão não é homogênea e, pode haver a redução do volume de calda e a manutenção da dose do adjuvante por hectare, o que gera um aumento demasiado da quantidade de óleo na gota.

O uso de adjuvantes pode aumentar o risco de fitotoxidade dos fungicidas, se aplicados em condições inadequadas em cultivares "sensíveis" (Madalosso et al., 2014). Contudo, o uso em condições adequadas pode reduzir o risco de extinção da gota pela permanência da fase oleosa sobre a folha, acelerando a absorção do ingrediente ativo (Figura 3.10). Além disso, o uso do adjuvante recomendado é fundamental para o desempenho dos fungicidas, cuja atividade junto à camada de cutícula da folha necessita da sua presença (Madalosso et al., 2014). Fungicidas utilizados sem o adjuvante recomendado podem ter seu desempenho comprometido, em função de restrições e dificuldades na penetração e translocação no interior dos tecidos.

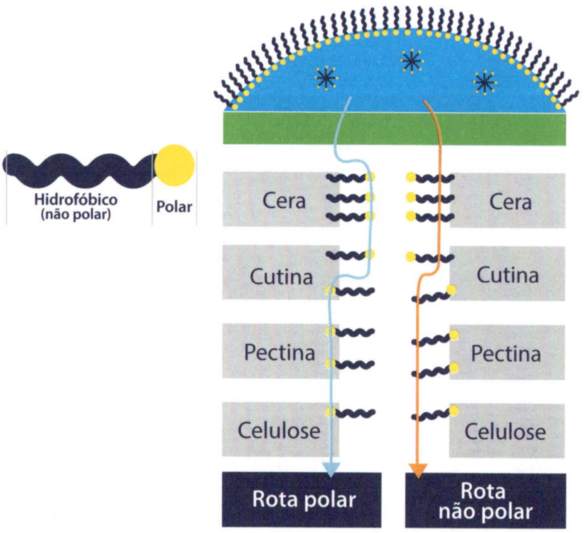

Figura 3.10 Representação das rotas de penetração dos produtos em função de sua lipofilicidade.

Um dos principais adjuvantes utilizados em aplicações de agrotóxicos são os surfactantes e óleos. A presença de agentes surfactantes tem como principal finalidade reduzir a tensão superficial da gota e aumentar a superfície de molhamento na folha. Os óleos são comumente ligados a melhorias na taxa de penetração dos produtos. Ao quebrar a tensão superficial das gotas, é aumentada a área de contato do produto × planta e também a área de exposição aos raios solares (Figura 3.11).

Sabe-se que os problemas de fitotoxidade por óleos ocorrem principalmente em condições de alta luminosidade e estresse térmico. Tal efeito é atribuído a um fenômeno físico. Óleos podem ser bons condutores de calor, então, sugere-se que a película de óleo formada sobre a superfície foliar pode aumentar a temperatura no local e provocar queima dos tecidos. O uso de óleos exige cuidados redobrados em situações de alta radiação solar, altas temperaturas e reduzida umidade do ar, especialmente em regiões mais quentes.

Diante de um dia com condições ambientais adversas, capazes de atrapalhar a execução de pulverização de fungicidas, pode ser usada a aplicação noturna. O desempenho de fungicidas aplicados durante a noite pode ser tão satisfatório quanto o das aplicações na presença de luz. É importante destacar, no entanto, que as evidências experimentais têm mostrado que à noite a velocidade de penetração dos fungicidas é menor. Dessa forma, a ocorrência de chuva logo após aplicações noturnas, antes do clarear do dia, podem definir reduções significativas na eficácia de controle do produto. A eficácia de controle do fungicida caiu significativamente quando foi simulada chuva duas horas após aplicações noturnas, às 23h e às 4h (Stefanello et al., 2016). Por outro lado, as aplicações noturnas nesses mesmo horários que não foram seguidas de chuva conseguiram imprimir um controle satisfatório, similar ao de aplicações em horários diurnos (Stefanello et al., 2016).

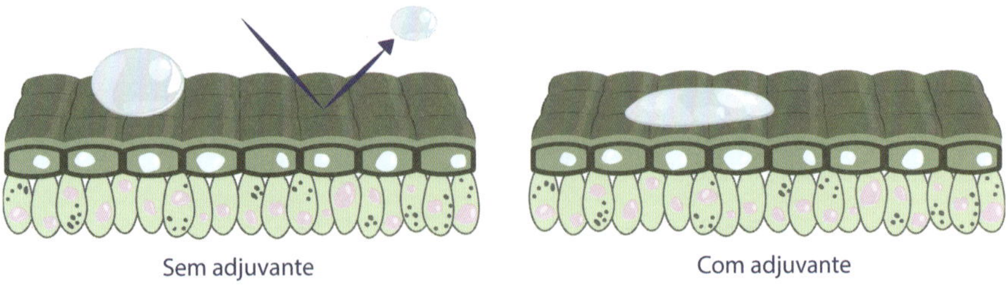

Figura 3.11 Cobertura de gotas e formação do depósito sem e com adjuvante.

Dinâmica do produto × planta e a redução de fitotoxidade pela associação de mancozebe

O significativo aumento do uso de mancozebe em soja evidenciou a necessidade de estudos sobre o seu potencial de fitotoxidade nessa cultura. Em experimentos de campo, utilizando curva de dose, não foram visualizados sintomas de fitotoxidade em soja, mesmo em doses elevadas de até 6 kg ha^{-1}, utilizando o produto comercial Unizeb Gold® (Figura 3.12). Isso confirma a segurança do uso de mancozebe em soja, o que pode estar diretamente ligado a questões de formulação dos produtos comerciais. Além disso, ensaios de campo e casa de vegetação começaram a mostrar que mancozebe apresenta um efeito mitigador da fitotoxidade de outros fungicidas sistêmicos, quando estes foram utilizados em mistura.

Os dados de avaliação visual de sintomas de fitotoxidade evidenciam respostas significativas na redução da injúria foliar, quando mancozebe foi associado a alguns fungicidas sistêmicos com potencial fitotóxico (Quadro 3.2).

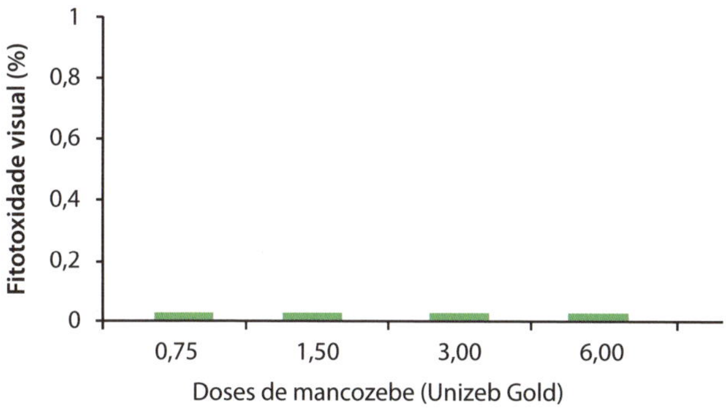

FIGURA 3.12 Fitotoxidade visual em plantas de soja submetidas a diferentes doses de Unizeb Gold®.

Quadro 3.2 Avaliação de sintomas visuais de fitotoxidade de fungicidas associados ou não com mancozebe em soja

Tratamento	Fungicida (Fator A)	Sem Mz	Com Mz
1	Testemunha	0,0 aA*	0,0 aA
2	Piraclostrobina + epoxiconazol	0,0 aA	0,0 aA
3	Trifloxistrobina + protioconazol	7,0 bB	1,6 bA

* Médias seguidas pelas mesmas letras, minúscula na coluna e maiúscula na linha, não diferem pelo teste de Tukey ($p<0,05$).

Fonte: Marques (2017).

Primeiramente, foi possível confirmar que o mancozebe isolado não causou fitotoxidade nas plantas de soja. Isso é importante, uma vez que existem relatos de fitotoxidade de mancozebe em outras culturas, como por exemplo, em alface (Dias et al., 2014; Pereira et al., 2014) e *Cassia angustifolia* (Majid et al., 2014). Por outro lado, foi possível verificar que não houve fitotoxidade pela aplicação de piraclostrobina + epoxiconazol isolada, ou mesmo associado com mancozebe. Esse é outro fato bastante relevante, uma vez que, dentre as estratégias de manejo antirresistência, é recomendada a associação de fungicidas multissítios com misturas de IDM + IQe. No entanto, quando as plantas foram expostas ao fungicida trifloxistrobina + protioconazol, houve a ocorrência de fitotoxidade. Já quando ocorreu a associação de trifloxistrobina + protioconazol com mancozebe, os sintomas reduziram significativamente (Figura 3.13).

Novas pré-misturas comerciais de fungicidas estão preconizando a presença do ativo mancozebe como forma de aumentar eficácia e como estratégia antirresistência. Um exemplo é a mistura de tebuconazol (tebuc) + picoxistrobina (picox) (IDM + IQe), utilizada para controle de doenças na soja. O mancozebe (Mz) foi adicionado a esta mistura, resultando em uma formulação tripla de tebuc + picox + Mz. Testes de fitotoxidade desses produtos revelaram que a pré-mistura dupla de apenas IDM + IQe apresenta um potencial significativo de fitotoxidade às plantas,

Figura 3.13 Detalhe dos sintomas visuais observados em folhas de soja expostas a fungicidas associados ou não ao mancozebe.

em determinadas condições de ambiente, como em períodos de conteúdo reduzido de água no solo, altas temperaturas e intensa radiação solar (Figura 3.14).

Quando utilizada a formulação comercial contendo mancozebe, os sintomas de fitotoxidade ficam significativamente reduzidos, chegando a não ocorrer nas menores doses testadas (Figura 3.15).

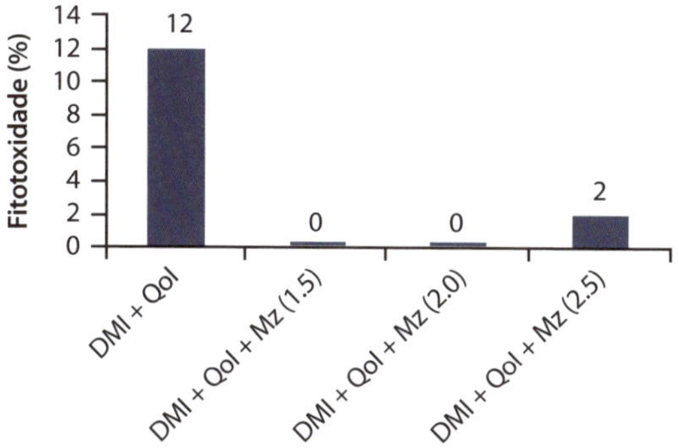

Figura 3.14 Fitotoxidade visual em folhas de soja expostas a fungicida com e sem mancozebe na formulação.

Figura 3.15 Detalhes dos sintomas de fitotoxidade do fungicida com e sem mancozebe na formulação comercial. Avaliação realizada um dia após a exposição das plantas.

Estresse oxidativo em plantas de soja e a relação com a exposição a fungicidas

Todas as evidências obtidas em ensaios de campo e a partir dos experimentos conduzidos indicam que mancozebe, na formulação WG isolado ou em associação com outros fungicidas, pode apresentar efeitos fisiológicos benéficos. Nesse sentido, respostas bioquímicas das plantas foram estudadas após exposição aos fungicidas para confirmar e melhorar a compreensão de tais evidências.

O oxigênio molecular (O_2) é essencial aos organismos aeróbios que o utilizam como aceptor de elétron terminal durante a respiração celular (Barbosa et al., 2014). No entanto, da sua essencialidade ao desempenho de funções celulares vitais, o O_2 pode passar por processos de ativação física e química e, inevitavelmente, levar à formação de Espécies Reativas de Oxigênio (EROs) (Sharma et al., 2012; Gill; Tuteja, 2010).

Tais eventos de ativação da molécula de oxigênio podem ocorrer de forma contínua como subprodutos de diversas vias metabólicas, localizadas em diferentes compartimentos celulares, tais como: cloroplastos, mitocôndrias e peroxissomas (Navrot et al., 2007; Del Rio et al., 2006) e também no apoplasto na parede celular (Sharma et al., 2012). Sob condições normais de desenvolvimento, as EROs são eficientemente eliminadas por vários mecanismos de defesa antioxidante e o equilíbrio é estabelecido (Foyer; Noctor, 2005). No entanto, este equilíbrio entre a produção e a eliminação de EROs pode ser perturbado por diversos estresses, incluindo fitotoxidade de fungicidas (Dias et al., 2014; Dias, 2012).

As EROs podem se apresentar como radicais livres ou na forma molecular não radical, normalmente como subprodutos de reações redox (Kovalchuk, 2010). A ativação física da molécula de O_2 envolve transferência de energia de excitação dos compostos fotossensibilizadores, que levam a formação de oxigênio singleto ($^1O_2$). (Figura 3.16).

A ativação química envolve adição de elétrons ao O_2, reduzindo-o ao radical superóxido ($O_2^{\bullet-}$), radical peroxila ($HO_2^{\bullet}$) ou peróxido de hidrogênio (H_2O_2) e, posteriormente, ao radical hidroxila ($OH^{\bullet}$) (D'Autréaux; Toledano, 2007). O $O_2^{\bullet-}$ é formado a partir da redução do O_2 por um único elétron. A dismutação do $O_2^{\bullet-}$ a H_2O_2 é rápida e pode ocorrer tanto de forma espontânea ou catalisada pela enzima superóxido dismutase (SOD, EC 1.15.1.1) (Sharma et al., 2012).

O Fe^{3+} pode receber elétrons do $O_2^{\bullet-}$ sendo reduzido a Fe^{2+} que, por sua vez, pode reduzir o H_2O_2 e formar $OH^{\bullet}$ e OH^-. Tal reação pela qual o $O_2^{\bullet-}$, o H_2O_2 e o Fe^{2+} rapidamente geram $OH^{\bullet}$ é conhecida como reação de "Haber-Weiss", enquanto que a reação final, a oxidação do H_2O_2 pelo Fe^{2+}, é denominada reação de Fenton (Gill; Tuteja, 2010). O H_2O_2 tem uma ação deletéria, porque participa da reação forma-

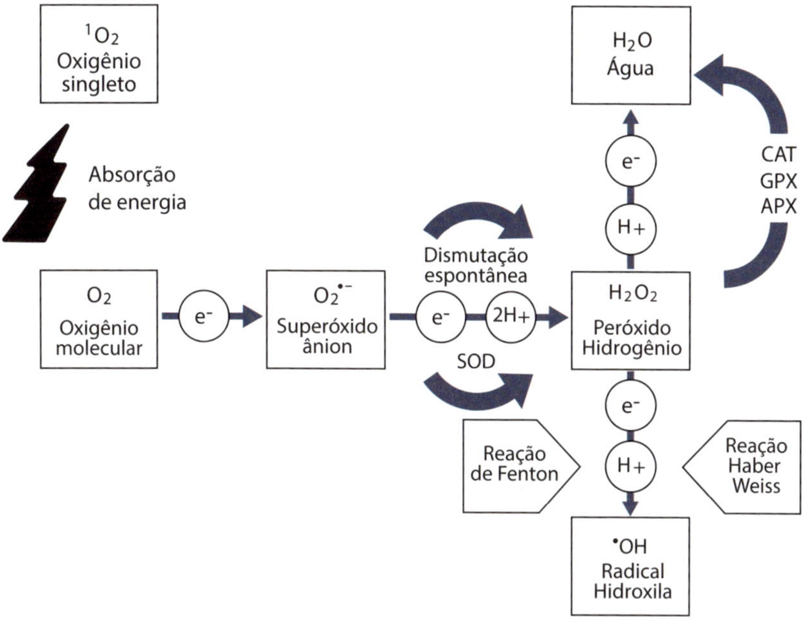

Figura 3.16 Representação esquemática da geração de EROs em plantas.
Fonte: Sharma et al. (2012).

dora de OH•, o oxidante mais reativo na família das EROs, resultando em reações rápidas e inespecíficas com distintos substratos e podendo potencialmente reagir com todos os tipos de moléculas biológicas (Mylona; Polidoros, 2010).

O sistema fotossintético absorve grande quantidade de energia luminosa nos tilacoides para convertê-la em energia química. No fotossistema II (FS-II), a formação de $_1O^2$ ocorre quando a energia armazenada na clorofila, em seu estado tripleto, não é dissipada, sendo então transferida para o O_2 (Sharma et al., 2012). Uma característica chave do FSII é sua vulnerabilidade a danos induzidos pela luz, e também, por outros fatores como o efeito fitotóxico de um fungicida ou outro composto químico (Petit et al., 2012). Danos aos fotossistemas (FSs) podem ser visualizados pela menor concentração de clorofilas e/ou carotenoides, o que implica em menor capacidade de dissipação da energia de excitação recebida.

As características visuais observadas nas figuras anteriores sobre os benefícios da adição do mancozebe na mistura agora ficam evidenciadas bioquimicamente (Figura 3.17A e B). Em ensaios conduzidos em condições estressantes, para aumentar o potencial de fitotoxidade, a aplicação de mancozebe isolado apresentou danos mínimos no aparelho fotossintético do vegetal, tanto que não foi verificada injúria

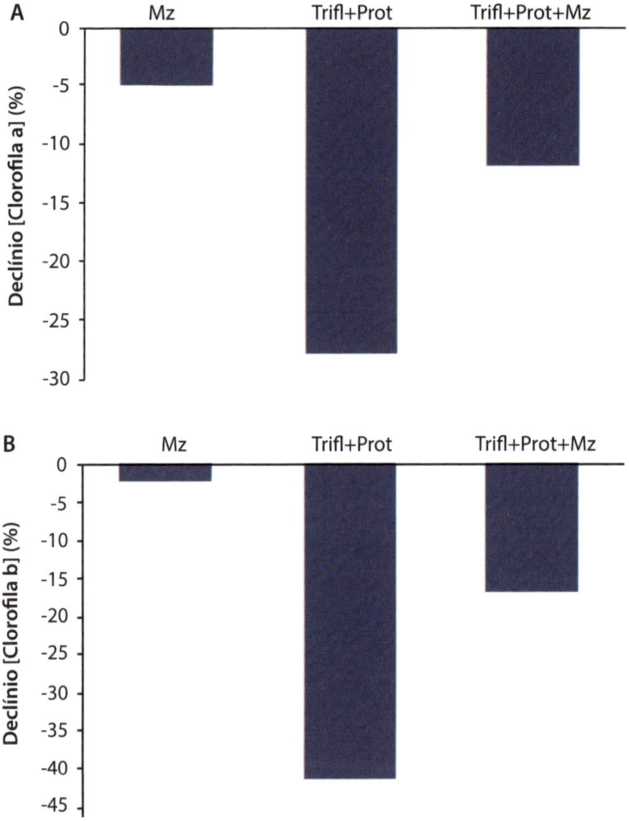

Figura 3.17 Declínio na concentração de *Chl a* (A) e *Chl b* (B) em folhas de soja expostas ao mancozebe (Mz), trifloxistrobina (trifl) + protioconazol (prot) isolados e em mistura com Mz na solução, em comparação às plantas não expostas ao tratamento fungicida.
Fonte: Marques (2017).

visual. No entanto, o uso de trifl + prot isolado apresentou um efeito estressor significativo, mostrando danos em ambas clorofilas.

A insuficiente dissipação de energia durante a fotossíntese pode levar à formação de *Chl* estado tripleto e induzir a formação de $^1O_2$. Os dados evidenciam que a exposição do fungicida IDM + IQe nas plantas de soja induziu a danos, reduzindo a concentração *Chl a* e *Chl b* nas folhas avaliadas, quatro dias após aplicação (DAA). Tais reduções foram na ordem de 27% e 41%, respectivamente, para *Chl a* e *Chl b*. Tais danos podem refletir na menor funcionalidade dos FSs e menor capacidade de uso da energia de excitação recebida, contribuindo para formação de EROs e indução de estresse oxidativo nas plantas. O $^1O_2$ formado tem um efeito prejudicial aos FSs, bem como sobre toda a maquinaria fotossintética, ocasionando reações em cadeia, se não for eliminado. Modificações na concentração de pigmentos fotossintéticos e na fixação de CO_2 foram observadas em folhas de videira, em função da exposição ao fungicida fludioxonil (Saladin; Magné; Clément, 2003). Contudo, quando foi adicionado mancozebe ao trifl + prot, o dano nas clorofilas reduziu, auxiliando na explicação da mitigação da fitotoxidade oriunda da adição do mancozebe.

Tem sido definido que vários carotenoides e tocoferóis desempenham um papel eficaz contra danos causados pela luz nas plantas (Peñuelas; Munné-Bosch, 2005). Primeiramente, eles absorvem a luz a comprimentos de onda entre 400 e 550 nm e transferem para a *Chl* (papel de receptor acessório de energia luminosa) (Siefermann-Harms, 1987). Posteriormente, protegem o aparato fotossintético pela dissipação do excesso de excitação de Chl^3, $^1O_2$ e outros radicais livres nocivos que são formados naturalmente durante a fotossíntese (função antioxidante) (Collins, 2001). E, finalmente, são importantes para a organização do FS_I e à estabilidade do complexo de proteínas para captura de luz, bem como, à estabilização da membrana dos tilacoides (um papel estrutural) (Niyogi et al., 2001). Estresses abióticos que induzem redução nos teores de carotenoides nas plantas podem reduzir a capacidade antioxidante das plantas, contra estresse oxidativo.

Nesse sentido, os dados atingidos nas condições do experimento evidenciaram o potencial do fungicida trifl + prot em reduzir os teores de carotenoides nas folhas, na avaliação aos 4 DAA. Essa redução foi na ordem de 29% e pode ser amenizada com a adição de mancozebe na aplicação (Figura 3.18).

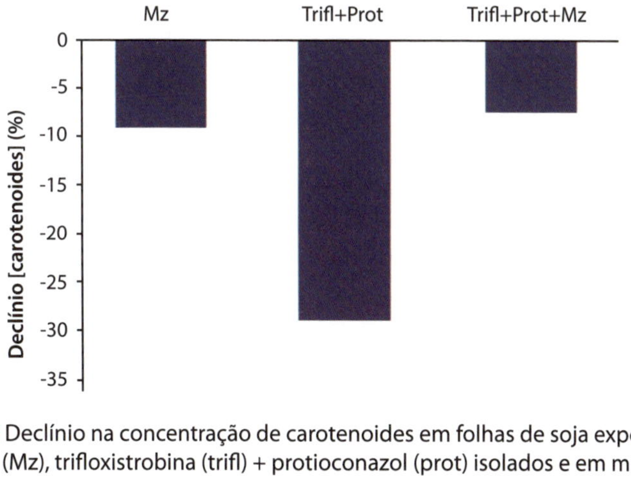

Figura 3.18 Declínio na concentração de carotenoides em folhas de soja expostas ao mancozebe (Mz), trifloxistrobina (trifl) + protioconazol (prot) isolados e em mistura na solução com Mz, em comparação às plantas não expostas ao tratamento fungicida.
Fonte: Marques (2017).

Tanto para os dados de clorofilas, como para teores de carotenoides, nota-se um efeito benéfico de mancozebe associado à solução de aplicação. A exposição de mancozebe isolado às plantas não mostrou nenhum efeito deletério significativo na redução dos teores de *Chl* e/ou carotenoides. Já, quando utilizado em mistura com o fungicida trifl + prot, teve um efeito mitigatório da fitotoxidade, visualizado pelos maiores teores de *Chl* e carotenoides, comparado às plantas expostas ao fungicida trifl + prot isolado.

Quando em situações adversas, a planta tem capacidade de acionar mecanismos de defesa antioxidantes que podem prevenir o acúmulo de EROs e o estresse oxidativo extremo nas plantas (Bhattacharjee, 2010). Os sistemas de defesa antioxidantes das plantas envolvem agentes enzimáticos e não enzimáticos (Mittler, 2002).

As enzimas antioxidantes estão presentes em diferentes compartimentos celulares e contribuem para a manutenção dos níveis de EROs toleráveis e um estado de homeostase redox no sistema. Entre as enzimas antioxidantes, destacam-se: superóxido dismutase (SOD), ascorbato peroxidase (APX, EC 1.11.1.1), glutationa redutase (GR, EC 1.6.4.2), peroxidases (POD, EC 1.11.1.7), catalase (CAT, EC 1.11.1.6) e polifenoloxidase (PPO, EC 1.14.18.1) (Barbosa et al., 2014).

A SOD é a responsável por consumir $O_2^{\bullet-}$, uma das formas iniciais de espécies reativas. Dessa forma, sua atividade está ligada a maior oferta desse substrato; ou seja, em situações de estresses que induzem a ativação de O_2 e formação de $O_2^{\bullet-}$, necessariamente a planta precisará intensificar a atividade dessa enzima. Isso justifica a associação da maior atividade da SOD com uma resposta da planta a qualquer agente estressor.

A Figura 3.19 (A e B) mostra os dados da avaliação da atividade da SOD em plantas expostas aos fungicidas 24 e 96 horas após aplicação. Observa-se que, em ambos tempos avaliados, houve um aumento da atividade da enzima no tratamento com fungicida trifl + prot isolado (IDM + IQe). Quando o fungicida trifl + prot foi associado ao mancozebe, ocorreu menor atividade da enzima, indicando menor estresse.

Alguns trabalhos evidenciaram significativo aumento da atividade de enzimas antioxidantes em plantas, em função da aplicação de fungicidas sistêmicos (Calatayud; Barreno, 2001; Wu; Tiedemann, 2002; Gopi; Jaleel; Sairam, 2007; Jaleel; Gopi; Panneerselvam, 2007). A regulação de SOD, por exemplo, é implicada com a luta contra o estresse oxidativo. Essa enzima tem papel crítico na sobrevivência das plantas em condições adversas. Por exemplo, o aumento significativo na atividade da SOD observado em plantas de amoreira submetidas a estresse salino (Harinasut et al., 2003).

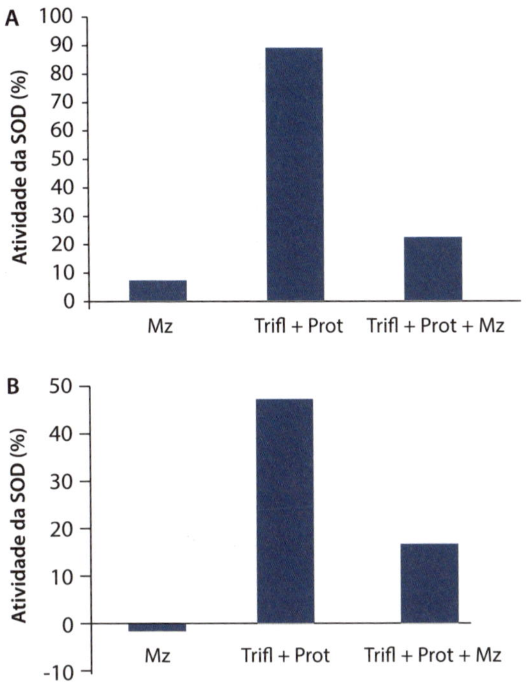

Figura 3.19 Incremento na atividade da enzima superóxido dismutase (SOD), 24 horas (A) e 96 horas (B) após exposição das plantas ao mancozebe (Mz), trifloxistrobina (trifl) + protioconazol (prot) isolados e em mistura na solução com Mz, em comparação às plantas não expostas ao tratamento fungicida.

Fonte: Marques (2017).

Uma vez que a SOD diminua o $O_2^{\bullet -}$, tem essencial função na formação de H_2O_2 que poderá ser combatido por outras enzimas do sistema antioxidante. Dessa forma, estes processos são fundamentais, agindo indiretamente na redução do risco de formação do $OH^{\bullet}$ a partir do $O_2^{\bullet -}$, que é a forma mais destrutiva em sistemas biológicos (Dinakar; Djilianov; Bartels, 2012). A maior atividade de SOD visualizada nos experimentos, em resposta à exposição do fungicida IDM + IQe, reflete também na maior quantidade de H_2O_2 recuperada nas folhas (Figura 3.20).

A eliminação do H_2O_2 é o passo necessário para evitar a formação de EROs destrutivas e é realizada por enzimas específicas, que convertem a partir de duas moléculas de H_2O_2 em H_2O e oxigênio molecular (Heldt; Heldt, 2005). Dentre as enzimas capazes de combater H_2O_2, as peroxidases (PODs) podem ocupá-lo como oxidante, além de catalase (CAT) e ascorbato peroxidase (APX) (Locato et al., 2010). Sua atividade pode ser utilizada como marcador bioquímico do estresse resultante de fatores bióticos e abióticos (Barbosa et al., 2014) (Figura 3.21).

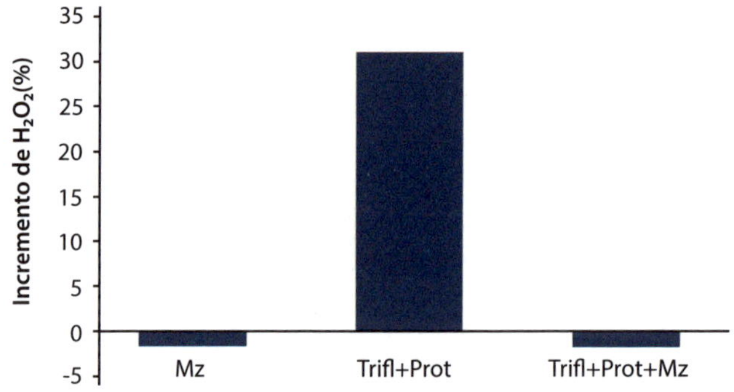

Figura 3.20 Incremento na concentração de H_2O_2 em folhas de soja expostas ao mancozebe (Mz), trifloxistrobina (trifl) + protioconazol (prot) isolados e em mistura na solução com Mz, em comparação às plantas não expostas ao tratamento fungicida.

Fonte: Marques (2017).

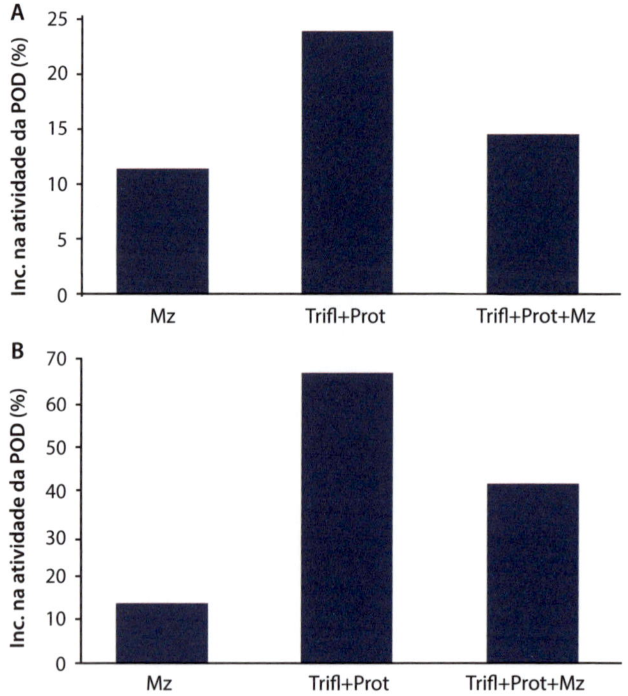

Figura 3.21 Incremento na atividade da enzima peroxidase (POD), 24 horas (A) e 96 horas (B) após exposição das plantas ao mancozebe (Mz), trifloxistrobina (trifl) + protioconazol (prot) isolados e em mistura na solução com Mz, em comparação às plantas não expostas ao tratamento fungicida.

Fonte: Marques (2017).

Os incrementos na atividade de SOD e POD são relacionados a um estresse oxidativo causado pelo fungicida trifl + prot. Danos visuais já verificados em situações de campo são as primeiras evidências, em parâmetros bioquímicos e fisiológicos desse efeito. Outros trabalhos vão ao encontro disso, como por exemplo, a evidência de maior atividade da enzima SOD em plantas de trigo, pulverizadas com azoxistrobina, tebuconazol e carbendazim, em comparação às plantas não tratadas (Zhang et al., 2010). O $OH^{\bullet}$ é uma molécula altamente agressiva em sistemas vivos. Por isso, deve ser evitada sua formação (Barbosa et al., 2014). As enzimas do sistema antioxidante não têm habilidade para eliminar $OH^{\bullet}$ diretamente. Dessa forma, a eliminação dos seus precursores, $O_2^{\bullet-}$ e H_2O_2 é fundamental para a prevenção de danos do $OH^{\bullet}$, que advém do processo de peroxidação lipídica. Quando a ação das enzimas e dos compostos antioxidantes não enzimáticos não conseguem eliminar as EROs eficientemente, e assim manter o equilíbrio redox da célula, o estresse oxidativo é desencadeado e danos às células serão evidentes (Mylona; Polidoros, 2010).

Um dos principais danos à célula é desencadeado pela formação $OH^{\bullet}$, que irá atacar moléculas orgânicas, como proteínas, lipídios estruturais de membranas celulares e ácidos nucleicos. O $OH^{\bullet}$ ataca preferencialmente ácidos graxos poli-insaturados (Pufas) dos lipídios de membranas celulares, roubando hidrogênios dessas cadeias. Esse processo oxidativo leva à formação de espécies reativas lipídicas em um processo de peroxidação de lipídios. Os dados da Figura 3.22 mostram a recuperação de maior quantidade de substâncias reativas ao ácido tiobarbitúrico (Tbars),

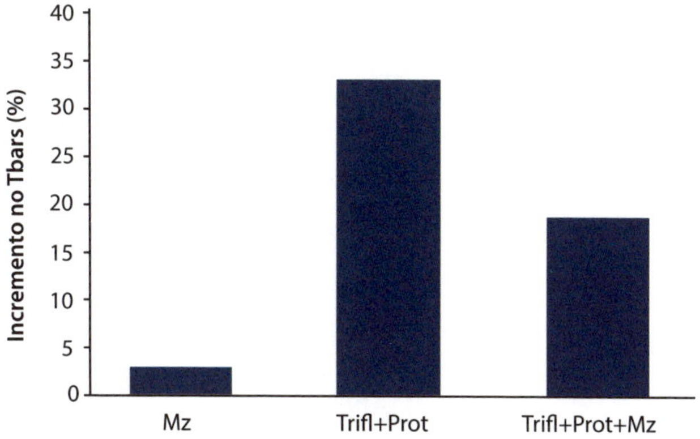

Figura 3.22 Quantidade de substâncias reativas ao ácido tiobarbitúrico (Tbars) como forma de determinar a peroxidação de lipídios, principalmente aqueles na forma de malondealdeído (MDA), em folhas de soja expostas aos mancozebe (Mz), trifloxistrobina (trifl) + protioconazol (prot) isolados e em mistura na solução com Mz avaliadas aos 4 DAA, em comparação às plantas não expostas ao tratamento fungicida.

Fonte: Marques (2017).

em plantas expostas ao fungicida trifl + prot isolado. Isso reflete maior presença de lipídios reativos (malondealdeído) que, nesse caso, evidencia maior estresse oxidativo, em função dos danos ocorridos pela peroxidação de lipídios. A associação de mancozebe ao fungicida trifl + prot reduziu tais danos.

A peroxidação lipídica é muito prejudicial à estrutura e integridade das membranas celulares das plantas. Tal processo é inevitavelmente associado à perda de integridade das membranas, redução da capacidade seletiva, rompimento de membranas, extravasamento do conteúdo celular, o que pode levar a célula à morte e causar sintomas necróticos (Figura 3.23).

Os parâmetros bioquímicos e fisiológicos ajudam a embasar as evidências do efeito de mancozebe como atenuador da fitotoxidez de fungicidas sistêmicos. No entanto, a redução do estresse causado pelo mancozebe não foi explicado por uma maior atividade das enzimas antioxidantes avaliadas (SOD e POD). Outras enzimas não determinadas em nossos experimentos poderiam explicar tais efeitos, gerando necessidade de investigação futura.

Com base nos parâmetros avaliados, o efeito da associação de mancozebe parece estar ligado à redução prévia na formação de EROs, o que não implicaria em uma maior atividade do sistema antioxidante para combater tais espécies. As constatações em relação ao uso de mancozebe em soja confirmam alguns trabalhos e vetam outros. As diferenças entre resultados podem ser explicadas pela espécie (cultura) trabalhada, formulação de produto e diferente idade de tecidos. Dias et al. (2014) verificaram redução significativa de pigmentos em folhas de alface pela aplicação de mancozebe. Por outro lado, Lorenz e Cothren (1989) não observaram alteração em parâmetros de fotossíntese e conteúdo de clorofilas, pela aplicação de mancozebe em trigo. Vale ressaltar ainda que a aplicação de mancozebe isolado em soja não

Figura 3.23 Sintomas necróticos em folhas de soja em função da exposição aos fungicidas com potencial de causar fitotoxidade.

causou evidência significativa de indução de danos. Isso ratifica a não agressividade desse composto a soja.

A aplicação de trifl + prot em plantas de soja causou diferentes respostas de fitotoxidade. Apesar dos danos causados, esse fungicida é muito utilizado para o manejo de *Phakopsora pachyrhizi*, devido à alta eficácia de controle desse patógeno. Vale ressaltar que a ocorrência de fitotoxidade não é uma regra e pode ser evitada. Os danos podem ser reduzidos com a aplicação desse fungicida em condições meteorológicas adequadas e em plantas com boa disponibilidade hídrica do solo. Os benefícios de trifl + prot sobre o manejo do patógeno são maiores do que os danos causados nas plantas e, em razão disso, pode ser utilizado na cultura da soja.

Parâmetros fotossintéticos de plantas de soja expostas aos fungicidas

A cultura da soja requer hoje aplicações sequenciais de fungicidas para proteção contra doenças de parte aérea. Recentemente, aceitava-se que a aplicação de fungicidas apresentava baixa fitotoxidade às plantas e não afetava o processo fotossintético (Dias, 2012). Trabalhos mais recentes, em nível celular, têm demonstrado danos de fungicidas no aparelho fotossintético (Petit et al., 2008; Saladin; Magné, C.; Clément, 2003). Os estudos indicam reduções, principalmente, na taxa de assimilação líquida de CO_2 (*A*) e na eficiência fotossintética (Xia; Huang; Wang, 2006; Petit et al., 2008). Alguns fungicidas parecem inibir a biossíntese de clorofilas (*Chl*) e retardar a integração de *Chl* nos fotossistemas (Petit et al., 2012).

Fundamentalmente, o processo fotossintético é a capacidade das plantas em captar a energia da luz e converter em energia química. A energia da luz é capturada por pigmentos contidos no complexo antena e transferida para os centros de reação nas membranas do tilacoides do cloroplasto (Petit et al., 2012). As proteínas do complexo antena se ligam as *Chl* a, *Chl* b e a carotenoides por ligações fracas não-covalentes. Tais proteínas são organizadas em dois fotossistemas biofisicamente ligados, o fotossistema I (FSI) e o fotossistema II (FSII) (Hillier; Babcock 2001).

O FSII catalisa a transferência de elétrons da água para a plastoquinona em um processo induzido pela luz (Petit et al., 2012). No lado luminal do FSII, está localizado o complexo evoluidor do oxigênio, responsável pela oxidação da água e geração de prótons, elétrons e oxigênio molecular como subprodutos (Krause; Weis 1991). Através da ATPase, os prótons são envolvidos na formação de adenosina trifosfato (ATP), forma de estoque de energia das plantas (Petit et al., 2012). Os elétrons são transportados ao longo de uma cadeia de transferência complexa que termina na formação de uma molécula altamente energética, a nicotinamida adenina dinucleotídica fosfato (NADP) (Petit et al., 2012). Então, a ferredoxina é reduzida por uma reação fotoquímica ao nível de FSI, mediada pela enzima ferredoxina-NADP+ redutase, a qual é responsável pela formação de NADPH, necessário para a fixação de CO_2 (Petit et al., 2012).

Em resumo, este é o processo inicial da fotossíntese e permite verificar que a alteração de qualquer um destes processos pode levar à inibição da taxa fotossintética e fixação de CO_2 (Petit et al., 2012). ATP e NADPH serão utilizados para as fases subsequentes, isto é, a conversão redutora de CO_2 em carboidratos. Tais fases subsequentes seguem um conjunto de reações com uma sequência cíclica, chamado de ciclo de Calvin (Petit et al., 2012). A chave desse processo é a atividade da enzima Ribulose 1,5-bisfosfato carboxilase/oxigenase (Rubisco) e seu processo de regeneração. Existem evidências que a taxa fotossintética (A) pode ser limitada também por fatores que venham afetar estas reações bioquímicas (Petit et al., 2012).

Trabalhos que buscam investigar a influência de fungicidas e outros compostos químicos na fotossíntese de plantas de soja são escassos. Os maiores problemas com fitotoxidade em soja estão ligados ao uso de fungicidas triazóis, como por exemplo, o tebuconazol. Mais recentemente danos evidentes foram relatados pelo uso da mistura de trifl+prot em soja.

Na natureza, são causas de estresse abiótico: salinidade, secas, elevadas temperaturas, etc. Esses estresses podem refletir no fechamento de estômatos e resultarem na baixa concentração intercelular de CO_2 no cloroplasto, favorecendo a sobra de poder redutor nos fotossistemas e a posterior formação de EROs. Como mostrado anteriormente, o fungicida trifl + prot induziu estresse oxidativo na planta, o que pode explicar os efeitos negativos nos parâmetros fotossintéticos que serão apresentados a seguir. Os estresses abióticos induzem a produção do hormônio ácido abscísico (ABA). Este hormônio está diretamente ligado à regulação para o fechamento estomático em plantas e a paralisação das trocas gasosas (Li et al., 2000).

Os parâmetros de fotossíntese analisados foram significativamente alterados em função da exposição das plantas de soja aos fungicidas (Figura 3.24). O efeito dos fungicidas foi de reduzir a taxa fotossintética (A), sendo que essa redução foi mais alta na avaliação mais próxima da aplicação (1 DAA), ainda que com variação na magnitude dos efeitos entre os fungicidas testados. Outro trabalho também evidencia que, no primeiro dia após o tratamento com fludioxonil em videira, houve significativa redução em A, cerca de 30% a menos (Petit et al., 2008). Plantas tratadas com mancozebe tiveram uma pequena redução em A, apenas 1 DAA. Para esse fungicida, aos 7 DAA a A foi similar as plantas controle, evidenciando um reduzido efeito sobre a fotossíntese. O fungicida trifl + prot teve um efeito mais pronunciado sobre A, com redução de quase 30 e 20%, 1 e 7 DAA, respectivamente. Já, em relação à associação de mancozebe com trifl + prot, nota-se uma atenuação dos danos,

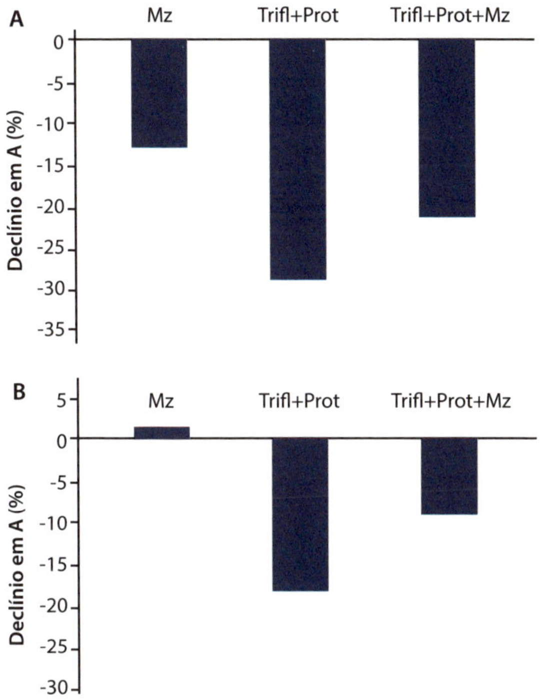

Figura 3.24 Declínio na taxa de assimilação líquida de CO_2 (A) 1 dia após a aplicação (A) e aos 7 dias após (B) em plantas expostas ao mancozebe (Mz), trifloxistrobina (trifl) + protioconazol (prot) isolado e em mistura na solução com Mz, em comparação às plantas não expostas ao tratamento fungicida.

Fonte: Marques (2017).

sendo observado maior *A* comparado a trifl + prot isolado. Essa atenuação significou mais de 10% em *A* comparado a trifl + protio isolado, em ambas datas avaliadas.

Diversos trabalhos têm associado as alterações em A a reduções na condutância estomática (*gs*), em situações de estresses às plantas (Oliveira; Fernandes; Rodrigues, 2005). Reduções em *gs* comumente estão ligadas ao fechamento dos poros estomáticos que impõe barreira a passagem do CO_2. Nossos resultados têm mostrado uma relação importante da *gs* com a exposição das plantas a fungicidas. Tais resultados evidenciam um efeito significativo na redução de *gs* por alguns fungicidas, o que ajuda a explicar a redução nas taxas de *A* (Figura 3.25).

As maiores reduções na *gs* foram observadas 1 DAA. Nessa data, todos os fungicidas refletiram em queda na *gs*, sendo maior efeito para trifl + prot isolado e menor para Mz isolado. A mistura de trifl + prot + Mz reduziu menos a *gs* comparada a trifl + prot

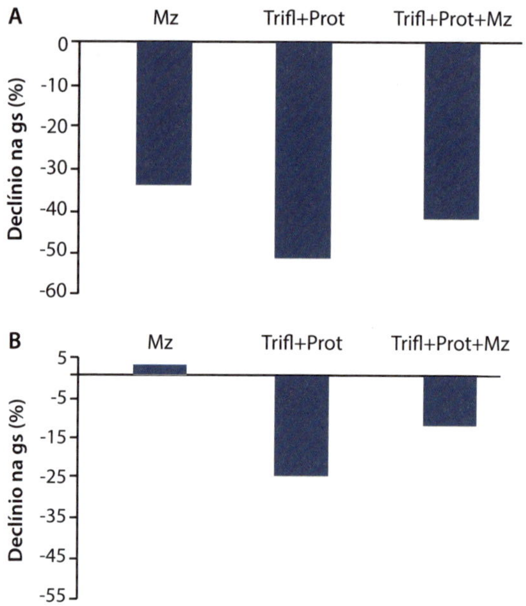

Figura 3.25 Declínio na condutância estomática (*gs*) 1 dia após a aplicação (A) e 7 dias após (B) em plantas expostas ao mancozebe (Mz), trifloxistrobina (trifl) + protioconazol (prot) isolado e em mistura na solução com Mz, em comparação às plantas não expostas ao tratamento fungicida.

Fonte: Marques (2017).

isolado. Aos 7 DAA, o impacto dos fungicidas na *gs* foi menor. Isso pode ocorrer em função das respostas da planta em superar efeitos negativos advindos da exposição a tais compostos. Nessa segunda data de avaliação, plantas expostas a Mz isolado e à mistura trifl + prot + Mz não diferiram a *gs*, em comparação a plantas controle sem fungicida. No entanto, plantas que receberam trifl + prot isolado ainda apresentavam *gs* inferior, mostrando ser o tratamento mais danoso a induzir o fechamento estomático.

Da mesma forma que os parâmetros anteriores, a C_i foi influenciada pelos fungicidas mais significativamente 1 DAA (Figura 3.26). Pode-se notar menor impacto sobre *Ci* nos tratamentos contendo Mz, comparado a trifl + prot isolado. O estresse induzido pela exposição aos fungicidas, já confirmado anteriormente pela redução de pigmentos, mostrou um aumento de atividade de enzimas antioxidantes e nas taxas de peroxidação lipídica. Isso sinaliza que tal estresse pode estar ligado à regulação hormonal e indução ao fechamento de estômatos. O fechamento de estômatos pode ser regulado pela rota de sinalização do ácido abscísico (ABA) (Li et al., 2000), sendo que o estresse causado pelos fungicidas pode induzir a produção

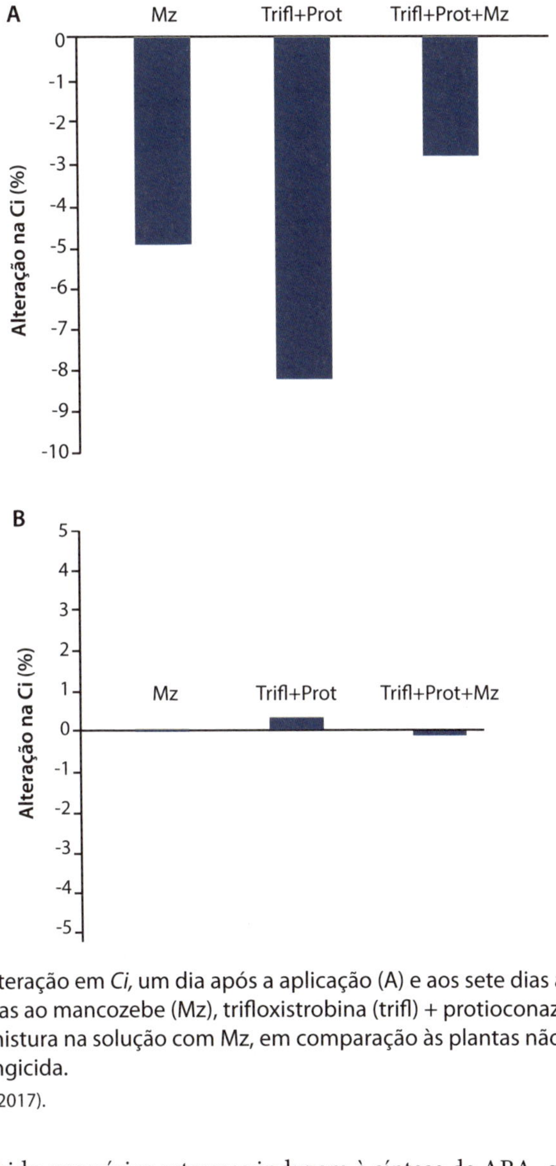

Figura 3.26 Alteração em *Ci*, um dia após a aplicação (A) e aos sete dias após (B) em plantas expostas ao mancozebe (Mz), trifloxistrobina (trifl) + protioconazol (prot) isolado e em mistura na solução com Mz, em comparação às plantas não expostas ao tratamento fungicida.

Fonte: Marques (2017).

de ABA. É sabido que vários estresses induzem à síntese de ABA, que é conhecido como hormônio do estresse em plantas (Swamy; Smith, 1999).

A redução em A pode ser explicada por alterações em parâmetros estomáticos (como gs e Ci), mas também por parâmetros não estomáticos (Petit et al., 2008). No entanto, em nossos trabalhos, parece haver uma forte correlação entre os parâmetros estomáticos (*gs* e *Ci*) com a redução em *A*. O fechamento estomático, causando redução da condutância estomática (*gs*), muitas vezes é considerado uma precoce resposta fisiológica ao estresse, resultando em diminuição de *A*, pela menor disponibilidade de CO_2 (*Ci*) no mesofilo (Krause; Weis, 1991).

Existem diversas evidências do papel dos fungicidas na indução do fechamento de estômatos. Isso pode ser verificado também para a taxa de transpiração (E), que foi significativamente reduzida em plantas tratadas, principalmente 1 DAA (Figura 3.27). Maiores reduções de transpiração foram notadas em plantas expostas ao fungicida trifl + prot isolado. Mz isolado teve impacto na redução da transpiração, apenas 1 DAA. Em ambas datas avaliadas, a associação de trifl + prot + Mz indica um efeito mitigatório sobre os parâmetros de fotossíntese.

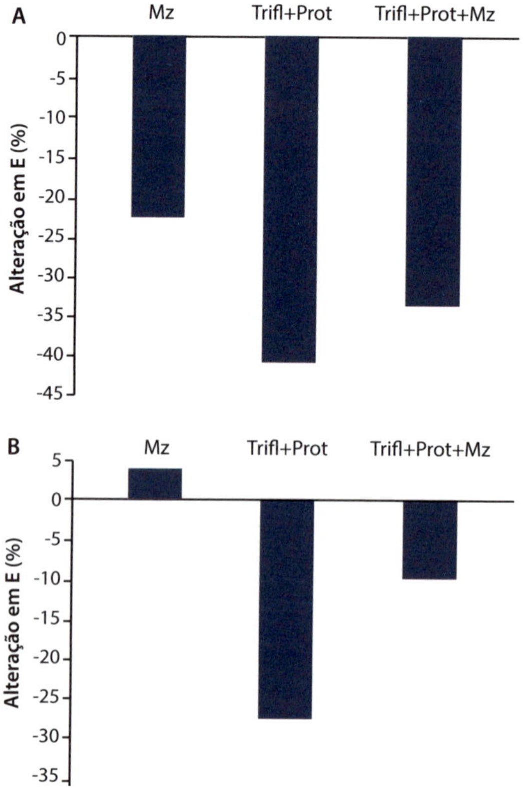

Figura 3.27 Alteração na taxa de transpiração (*E*) 1 dia após a aplicação (A) e 7 dias após (B) em plantas expostas ao mancozebe (Mz), trifloxistrobina (trifl) + protioconazol (prot) isolado e em mistura na solução com Mz, em comparação às plantas não expostas ao tratamento fungicida.

Fonte: Marques (2017).

As plantas têm habilidade de manter a temperatura foliar igual ou ligeiramente inferior à temperatura do ar. Tal regulação é altamente dependente do processo de transpiração, que desempenha papel fundamental, protegendo-a das faixas térmicas muito elevadas. Essa regulação da temperatura é algo desejável e foi observado em várias espécies vegetais (Ludlow; Muchow, 1990). A redução da transpiração, afetada em diferentes graus pelos fungicidas, pode contribuir para um aumento na temperatura foliar interna, o que pode ser um fator agravante do estresse gerado. Além disso, a transpiração é força propulsora essencial à manutenção do conteúdo de água na planta, sendo que sua redução pode afetar o processo de absorção pelas raízes.

As alterações fisiológicas podem ser determinadas de maneira eficaz durante o período de crescimento, com a análise foliar (Figura 3.28). Tais evidências foram obtidas através de determinação do índice de vegetação (NDVI), utilizando um analisador portátil (GreenSeeker®, Trimble). Foi possível notar um gradiente crescente de cor verde em função do aumento da dose de Mz aplicada. Obviamente que uma parte do percentual de incremento no NDVI é acompanhada pelo aumento no controle da doença. Se compararmos as duas colunas amarelas no gráfico, que mostram os tratamentos que condizem com a dose comercial recomendada de cada produto, é possível notar que o percentual de controle da doença é similar entre eles. Existe, no entanto, um ganho no índice NDVI no tratamento que recebeu mancozebe. Tal evidência pode estar ligada a algum efeito nutricional desse composto.

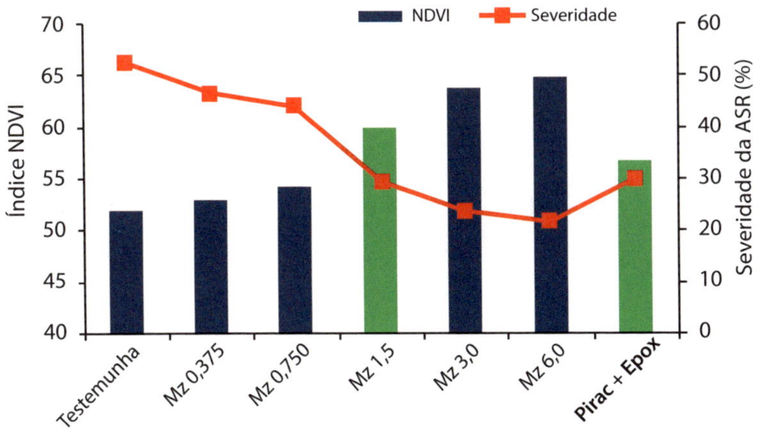

Figura 3.28 Índice de vegetação (NDVI) e severidade da ferrugem da soja (ASR) em parcelas de soja tratadas com doses do fungicida mancozebe em comparação com o fungicida piraclostrobina + epoxiconazole. Itaara, RS, 2015.

Como as plantas dependem da capacidade de assimilação de carbono pela fotossíntese para seu crescimento e vigor geral, a ruptura de parâmetros de fotossíntese pode diminuir o rendimento e a qualidade final de produtos. Em outras palavras, alguns fungicidas podem ter efeitos negativos, determinando reduções de crescimento e prejudicando o bom funcionamento das plantas.

Os dados, de maneira geral, indicam que o Mz está ligado à potencial redução dos efeitos fitotóxicos de outros fungicidas. Esta hipótese é confirmada pelos parâmetros avaliados, mas não é claro qual é o mecanismo afetado. Investigações futuras poderão obter tais respostas utilizando ferramentas moleculares.

Impacto da fitotoxidade na produtividade

Todo estresse abiótico tem o potencial de afetar o crescimento das plantas e reduzir sua produtividade. O efeito da relação será determinado tanto pelas características do estresse, quanto pela resposta da planta em eliminar ou amenizar os efeitos (Figura 3.29). Em relação ao estresse, dependerá do seu grau de severidade, da duração de exposição às plantas, da frequência ou número de exposições e se está ou não combinado a outros estresses. Já em relação à planta, a resposta é influenciada, primeiramente, pelo genótipo, pelo órgão afetado e também pelo estágio de desenvolvimento. Isso irá definir o tipo de reação do material que pode apresentar-se como resistente ou suscetível aos danos. Quando resistente, as plantas sobrevivem e mantêm um nível base de crescimento. Quando suscetível, podem ocorrer danos significativos no crescimento e a morte.

Considerando a interação entre o estresse e a planta, cria-se algumas analogias em relação aos efeitos sobre a produtividade (Figura 3.30). A planta apresenta uma curva de crescimento normal quando em ótimas condições de desenvolvimento. Se exposta

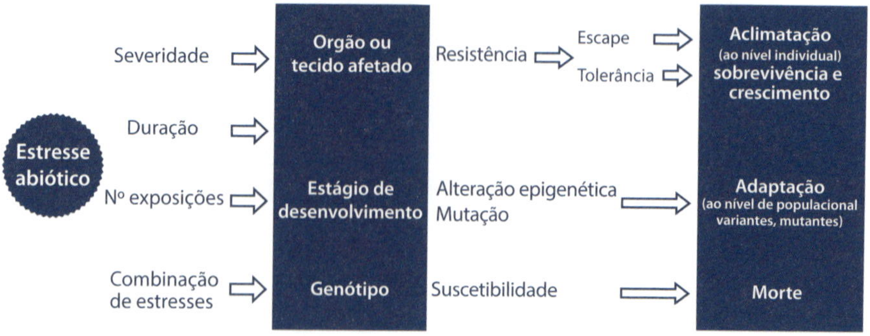

Figura 3.29 Respostas das plantas ao estresse abiótico em relação às características do estresse e da planta.

Fonte: Gaspar et al. (2002).

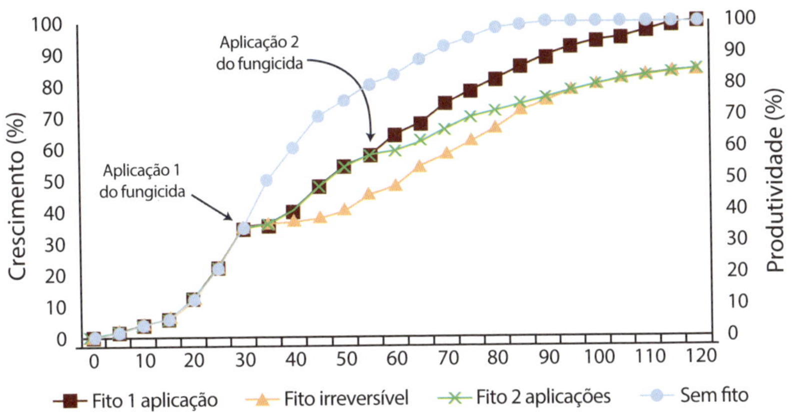

Figura 3.30 Situações do impacto da fitotoxidade sobre a produtividade.

Fonte: Carvalho et al. (2009).

a um agente estressor externo, como um fungicida, este pode: (I, LINHA COM CÍRCULOS) apresentar nenhum efeito estressor e não impactar no crescimento; (II, LINHA COM QUADRADOS) afetar o crescimento; mas a planta consegue responder ao estresse e, no final, a produtividade não chega ser afetada; (III, LINHA COM TRIÂNGULOS) causar danos irreversíveis, com prejuízos à produtividade; (IV, LINHA COM X) causar danos pela exposição continuada, ou seja, pela exposição repetida ao agente estressor.

Efeito nutricional resultante da aplicação de mancozebe em soja

O mancozebe pertence à classe dos fungicidas etilenobisditiocarbamato (EBDCs), sendo um composto orgânico de enxofre com atividade fungicida de largo espectro. Os EBDCs têm um esqueleto orgânico comum ($C_4H_6N_2S_4$), diferindo apenas em relação ao íon metálico associado à molécula. O mancozebe apresenta uma estrutura química complexa, com zinco e manganês (EBDC-Mn-Zn) (GULLINO et al., 2010) (Figura 3.31).

$C_8H_{12}MnN_4S_8Zn$

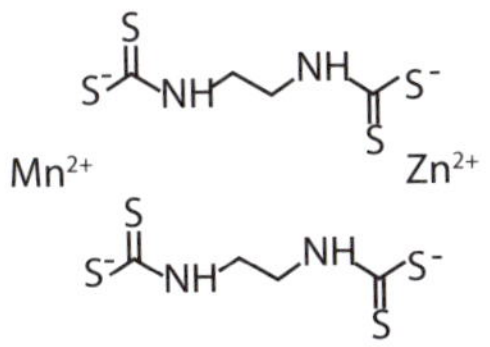

Figura 3.31 Estrutura química da molécula de mancozebe evidenciando a associação com íons metálicos zinco e manganês.

Fonte: International Union of Pure and Applied Chemistry (1977).

Os EBDCs são geralmente instáveis e a oxidação ou hidrólise transformam em subprodutos, como abordado anteriormente. Análises da ozonização aquosa de mancozebe e seus subprodutos de degradação demonstraram que os grupos metálicos, o manganês (Mn) e o zinco (Zn) foram os primeiros sítios de ataque. Em seguida, os grupos CS_2 ou CS foram removidos (Hwang; Cash; Zabik, 2003). Isso mostra que, ao serem desligados da molécula, os íons podem ficar disponíveis para absorção pela planta. Os ganhos em termos de status nutricional podem ser pequenos; já as contribuições de micronutrientes não devem ser negligenciadas (Poh et al., 2011).

Além do efeito fungicida evidente, um "efeito verde" é frequentemente relatado em áreas pulverizadas com este ingrediente ativo. Esse comportamento pode estar associado a possíveis aumentos nas concentrações de nutrientes e/ou redução de estresses nas plantas. As pequenas frações fornecidas de Mn e Zn pelo fungicida podem estar ligados à resposta do "efeito verde" visualizado. Existem poucos estudos que tratam da relação entre ditiocarbamatos e o estado nutricional das plantas. O uso repetido do fungicida propinebe aumentou os teores de Zn na parte aérea de plantas de banana (Méndez; Bertsch; Castro, 2013). A pulverização de fertilizantes e as formulações de Dithane® (D-22, D-45 e D-78) aumentaram a concentração de micronutrientes (Fe, Mn e Zn) em folhas de manga (Shu; Sheen, 1992).

A análise dos dados evidenciou efeito significativo de mancozebe sobre o status nutricional de três nutrientes nas folhas de soja: manganês, zinco e enxofre. Tais constatações sugerem que os íons presentes na molécula do fungicida podem ser liberados ao meio, absorvidos pelas folhas e, em seguida, utilizados em vias de assimilação ou armazenados em organelas específicas nas células. É importante ressaltar que as folhas das plantas foram coletadas e lavadas com água, detergente e solução ácida para remoção dos resíduos remanescentes externamente ou dos íons retidos nas ceras epicuticulares. As análises foram feitas quatro dias após a aplicação.

Muitos dos processos dependentes de nutrientes na planta cessam em determinado nível do elemento disponível. Ainda, em situações de boa demanda nutricional, estes incrementos podem ser desprezíveis. Devemos considerar, porém, que em situações de busca de altos tetos produtivos, os incrementos verificados podem ser importantes e contribuir para a produção.

A concentração de enxofre aumentou em 29% devido à aplicação mancozebe aos 4 DAA (Figura 3.32). Níveis adequados de clorofila e de proteínas são tipicamente dependentes de uma adequada oferta de enxofre (Gilbert et al., 1997). Além disso, o enxofre tem um papel crucial como componente de aminoácidos e compostos que atuam nas defesas antioxidantes das plantas, principalmente a glutationa

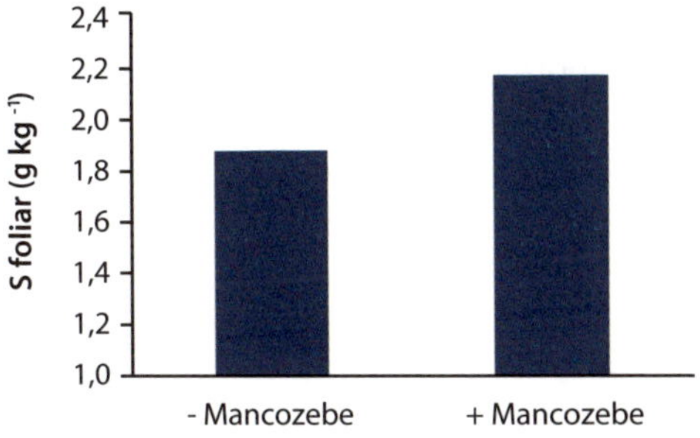

Figura 3.32 Concentração de enxofre (S) em folhas de soja sem e com a aplicação de mancozebe.

(ROUTHIER; LEMAIRE; JACQUOT, 2008). Assim, os ganhos nos níveis de S nas folhas podem refletir em melhorias nos processos fisiológicos das plantas, os quais devem ser mais investigados em trabalhos futuros. Em relação à atividade da glutationa, isso deve ser prioritário, já que ficou evidente, no estudo anterior, o efeito de mancozebe na redução de sintomas de fitotoxidade em soja.

O teor de manganês teve um incremento significativo, de cerca de 40%, nas folhas de soja aos 4 DAA (Figura 3.33). Dentre as principais funções do manganês nas plantas está a participação na fotossíntese, mais especificamente no complexo evoluidor do oxigênio, o que pode ter relação direta com o "efeito verde". Além disso, atua no metabolismo do nitrogênio e como parte de compostos cíclicos precursores de aminoácidos, hormônios, fenóis e lignina (HEENAN; CAMPBELL, 1980).

A concentração de zinco nas folhas teve um incremento de aproximadamente 26% aos 4 DAA (Figura 3.34). O zinco é essencial estruturalmente e na ativação de enzimas, síntese de proteínas, triptofano, metabolismo do ácido indol-acético

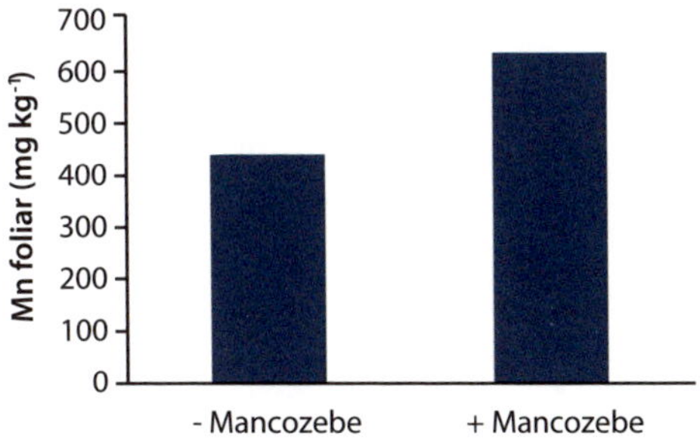

Figura 3.33 Concentração de manganês (Mn) em folhas de soja sem e com a aplicação de mancozebe.

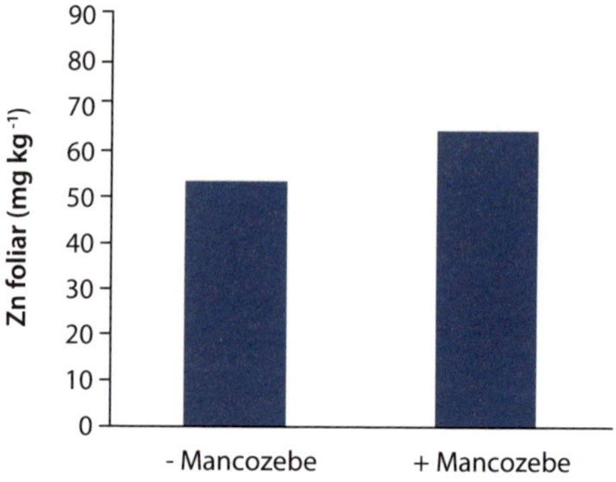

Figura 3.34 Concentração de zinco (Zn) em folhas de soja sem e com a aplicação de mancozebe.

(AIA), integridade de membranas celulares, metabolismo dos ácidos nucleicos (Marschner, 2012). O zinco tem mostrado papel determinante na resposta de plantas aos estresses abióticos, como por exemplo, estresse salino em soja (Weisany et al., 2014).

Embora não tão significativo quanto aos demais, a aplicação de mancozebe resultou também no incremento de aproximadamente 5,8% na concentração de nitrogênio nas folhas aos 4 DAA (dados não apresentados). Esse aumento pode ser atribuído à absorção de compostos secundários do metabolismo do mancozebe, tais como: etilenodiamina (EDA), etilenotioureia (ETU), etilenoureia (UE) e 2-imidazolina que carregam consigo grupamentos amina (Engst; Schnaak, 1974). Estudos posteriores devem esclarecer se estes subprodutos podem ser absorvidos pelas plantas e tornarem-se disponíveis para assimilação.

Com base nestes resultados, o "efeito verde" observado em soja após a aplicação de mancozebe, em parte, pode ser atribuído aos ganhos conjuntos nos teores de S, Mn e Zn. Tais incrementos podem não refletir em aumentos expressivos de produtividade, principalmente, em situações de oferta adequada desses nutrientes no solo. Mesmo que haja aumentos nos teores, a planta não irá utilizar esses incrementos necessariamente, pois pode haver armazenamento em organelas especializadas. Esta situação configura um mecanismo de prevenção que cria reservas, caso haja necessidade no decorrer do seu ciclo.

No entanto, em situações em que a oferta de nutrientes no solo não seja adequada às plantas, incrementos nutricionais foliares podem-se tornar importantes. Essas situações incluem, por exemplo, o cultivo em solos com baixa fertilidade natural (Mann et al., 2001), cultivo em solos de pH elevado, onde a disponibilidade de micronutrientes é comumente reduzida (Oliveira Jr.; Malavolta;

Cabral, 2000; Cakmak, 2008), solos com elevada concentração de NH_4^+ que podem limitar absorção de Mn (Mukhopadhyay; Sharma, 1991), solos sob uso intensivo de fosfatos (Mascarenhas et al., 1996), solos salinos (Weisany et al., 2014), e até mesmo em situações de baixa disponibilidade de água, nas quais a absorção de nutrientes pode ser comprometida (Cakmak, 2008). Além disso, os mecanismos de resistência de plantas a estresses bióticos e abióticos são altamente correlacionados com o conteúdo de micronutrientes nas plantas (Marschner, 2012; Peleg et al., 2008).

4

Estratégias de manejo da resistência

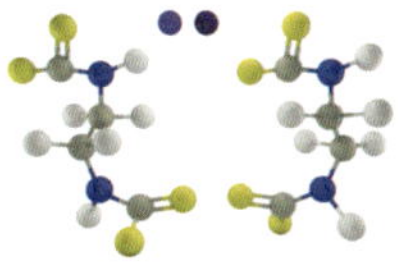

A resistência de fungos a fungicidas é um problema sério e intensamente estudado na gestão de muitas doenças na maioria das culturas. A resistência ameaça a eficácia dos produtos comerciais, particularmente os que têm um único sítio de ação. O mancozebe é classificado pelo Comitê de Ação de Resistência aos fungicidas (FRAC) no grupo de modo de ação-M (ação multissítio). A história da resistência de fungos a fungicidas está bem documentada, desde o início dos anos de 1970.

A maioria das classes de fungicidas sítio-específicos, como os benzimidazóis, pirimidinas, carboxanilidas, fenilamidas, Inibidores da Desmetilação (IDM - triazóis), morfolinas, inibidores da quinona externa (IQe – estrobilurinas) e Inibidores da Succinato Desidrogenase (ISD - carboxamidas) possuem relatos de casos de resistência em vários patógenos fúngicos. Em casos extremos, a falta de controle resultou em redução significativa no índice de colheita, e alguns produtos foram perdidos como ferramentas eficazes em certas culturas. Fungicidas antes eficientes no manejo de uma determinada doença, com o passar dos anos diminuíram o nível de controle para patamares bem inferiores aos da época do seu lançamento. O uso indiscriminado de agrotóxicos, sem alterar o modo de ação, o posicionamento errôneo das aplicações e a tecnologia de aplicação inadequada levaram à adaptação da *Phakopsora pachyrhizi,* o que refletiu na redução da sua sensibilidade aos principais fungicidas sitio-específicos utilizados em soja.

O desenvolvimento de resistência na população de fungos é inevitável, em resposta à pressão de seleção pelo uso do fungicida com os mesmos modos de ação. Assim, diversos autores relatam reduções da eficácia biológica dos agrotóxicos à

P. pachyrhizi. A utilização de produtos específicos isolados leva a uma redução da eficácia de controle sobre o patógeno pela perda de sensibilidade (Schmitz et al., 2014). Os fungicidas IDM, IQe e ISD, também conhecidos como triazóis, estrobilurinas e carboxamidas, respectivamente, atuam em um sítio específico dentre milhares de reações bioquímicas na célula fúngica. São, portanto, vulneráveis à seleção de linhagens do fungo com redução ou perda de sensibilidade. O Comitê de Ação à Resistência de Fungicidas (Fungicide Resistance Action Committee, 2014) classifica IDM, IQe e ISD como fungicidas de médio a alto risco para o desenvolvimento da resistência e, portanto, não recomendam a sua utilização isoladamente.

A ferrugem asiática da soja, causada por *Phakopsora pachyrhizi*, é controlada pelos fungicidas IDM, IQe e ISD. Mutações no gene do citocromo b (CYTB) podem levar à resistência do patógeno a IQe. A análise molecular do gene CYTB mostrou a presença da mutação F129L, em amostras de isolados de campo e mono-uredinial, enquanto que outras mutações (G143A e G137R) não foram encontradas (Klosowski et al., 2015). Este relato de mutações no gene CYTB foi relacionado à menor sensibilidade ao fungicida IQe, não somente em *P. pachyrhizi*, mas em qualquer espécie de ferrugem.

A mutação F129L foi relatada em diferentes fungos patogênicos, tais como: *Alternaria solani* (Pasche; Gudmestad, 2008), *Pyricularia grisea* (Kim et al., 2003), *Pyrenophora teres* (Semar et al., 2007; Stammler et al., 2006) e *P. tritici-repentis* (Sierotzki et al., 2007; Stammler et al., 2006) como um mecanismo para a redução da sensibilidade de IQe. A frequência relativamente elevada de isolados F129L mutado mono-uredinial e do F129L em amostras de campo (populações) indica que o uso continuado de IQe para controlar a ferrugem da soja levou à seleção de indivíduos mutados com F129L (Klosowski et al., 2015). Por um lado, a frequência de estirpes mutantes (resistentes) em uma população é influenciada positivamente pela pressão de seleção dos fungicidas e, por outro lado, é negativamente influenciada por eventuais custos adaptativos causados pela mutação, conferindo resistência. O efeito da mutação F129L na sensibilidade de *P. pachyrhizi* e na eficácia das IQe necessita de mais investigação.

O uso indiscriminado dos fungicidas em lavouras de soja também resultou na perda de sensibilidade de *P. pachyrhizi* aos IDMs. A análise de CYP51 revelou que mutações pontuais e super-expressão estão envolvidas na redução da sensibilidade para IDMs (Schmitz et al., 2014). Das mutações detectadas, Y131F e Y131H, respectivamente, e K142R são provavelmente homólogas a mutações encontradas em outros patógenos (Schmitz et al., 2014). Como sugerido pelos autores, estas três mutações, bem como as mutações adicionais F120L, I145F e I475T estão correlacionadas para aumentar a dose efetiva de 50%, valores ED_{50}, para todos os IDMs testados.

Mutações nos genes que alteram a conformação dos aminoácidos nas subunidades da ISD são a razão para a ocorrência de isolados com resistência a carboxamidas em outras culturas.

Até 2013, pelo levantamento feito por Sierotzki e Scalliet (2013), foram relatadas 27 mutações que conferiram resistência a carboxamidas em diferentes patógenos. Até agora, nenhum mecanismo que não sejam mutações na conformação dos aminoácidos nas subunidades foi apontado como responsável pela resistência a carboxamidas. As mutações relatadas estão ligadas a substituições de aminoácidos nas proteínas das subunidades ISD-B, -C e -D.

O caso de *P. pachyrhizi*, segundo o comunicado do Frac (2017), parece envolver a substituição de uma Isoleucina por uma Fenilalanina na proteína da subunidade C, por uma mutação na posição 86 (I86F) da ISD-C. Em princípio, esta alteração parece estar ligada a um ingrediente ativo apenas. Assim, ainda não é claro que exista o conceito de resistência aplicado ao patossistema ferrugem asiática da soja, pois é necessário um entendimento populacional deste. A dinâmica e herdabilidade destes isolados na população do fungo é uma linha de estudo que precisa ser trabalhada para elucidar esta dúvida.

Com base nos vastos estudos em outros patógenos com ocorrência de mutações, pode-se afirmar que mais de uma mutação pode ser selecionada na mesma espécie, conferindo resistência. Não foi ainda relatada, porém, a ocorrência conjunta de mais de uma mutação em ISD, no mesmo isolado (Sierotzki; Scalliet, 2013).

A troca de um aminoácido pode impactar, em maior ou menor grau, a eficiência de ligação do fungicida. Ainda, o aminoácido trocado pode imprimir diferenças na eficiência de ligação entre as diferentes carboxamidas, o que caracterizaria uma perda de sensibilidade diferencial. Mutações na enzima ISD foram relatadas por conferir resistência a carboxin em *Ustilago maydis* e *Aspergillus nidulans* na década de 70 (Georgopoulos; Alexandri; Chrysayi, 1972; Georgopoulos; Ziogas, 1977).

Pesquisadores, técnicos e produtores estão utilizando a associação de fungicidas multissítios, como o mancozebe, com fungicidas sítio-específicos (IDM, IQe e ISD) como forma de aumentar a eficácia biológica de controle de *P. pachyrhizi* em soja. O aumento do espectro de controle é obtido pela combinação dos esquemas 1, 2 e 3, que podem ser visualizados na Figura 4.1. Em 1, o mancozebe contribui para inibir a germinação dos esporos. Em 2, as estrobilurinas possuem ação preventiva, inibindo a germinação de esporos e ação curativa no micélio primário. Em 3, os triazóis, com ação preventiva sobre o patógeno, atuam no tubo germinativo, apressório e micélio primário, assim como as carboxamidas (4).

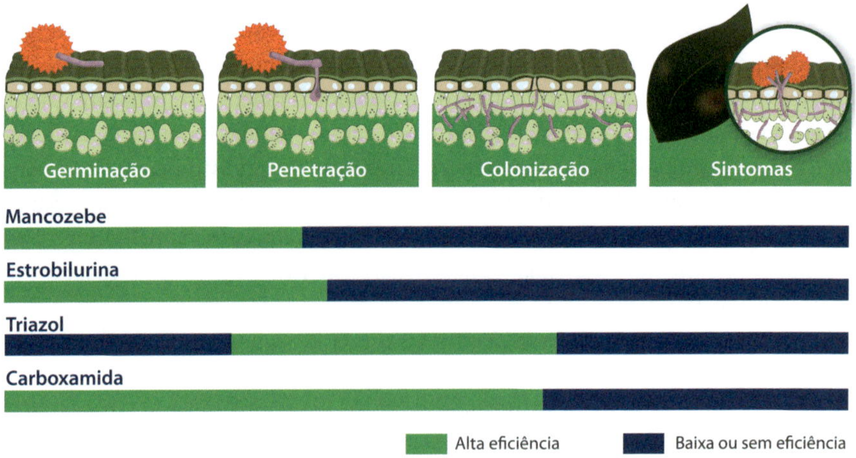

Figura 4.1 Aumento da eficácia biológica de controle de doenças pela associação de mancozebe com fungicidas sítio-específicos (IDM e IQe).

Já na ação curativa, os triazóis e algumas carboxamidas atuam sobre o micélio primário. Combinados os diferentes fungicidas, pode-se verificar aumento no espectro de controle da doença e, consequentemente, aumento na eficácia do controle químico sobre os fungos patogênicos. O fungicida de ação multissítio possui uma série de atributos-chaves que têm contribuído globalmente como ferramenta para o manejo moderno de doenças à base de químicos (Gullino et al., 2010). Dessa forma, o mancozebe é um potencial produto para a estratégia antirresistência de fungos aos fungicidas (Genet; Jaworska; Deparis, 2006; Gullino et al., 2010) e ferramenta para aumentar a vida útil dos fungicidas sítio-específicos no mercado, impedindo ou reduzindo a adaptação dos fungos a esses fungicidas. A redução de lançamentos de novos produtos no mercado torna o uso de mancozebe fundamental em um programa de manejo às doenças.

O manejo antirresistência deve ser construído pelo uso de todas as ferramentas disponíveis. Com isso, além da utilização de mancozebe associado a outras misturas de fungicida sítio-específico, recomenda-se utilizar rotações de fungicidas com diferentes modos de ação em um programa de pulverização, manter as doses recomendadas pelo fabricante, bem como limitar o número de aplicações de um determinado produto na mesma safra. O vazio sanitário, período livre de plantas hospedeiras vivas (cultivadas ou voluntárias) nas culturas, é também um importante método de controle. Dentro do manejo integrado, visa reduzir o nível de inóculo da doença, diminuindo a quantidade de tecido vivo disponível para o fungo e minimizando ou retardando sua ocorrência na futura safra.

A atividade do mancozebe em múltiplos sítios, dentro do alvo dos fungos, impede o desenvolvimento possível da resistência monogênica. As mutações de múltiplos genes têm que ocorrer dentro de isolados fúngicos, em uma situação de resistência poligênica, onde seria visto um declínio gradual na eficácia, ao longo do tempo. No entanto, não há evidências empíricas de que isso ocorre com mancozebe em qualquer alvo (Gullino et al., 2010). Observa-se que a utilização de metalaxil isolado para o controle da requeima em batata, causada pelo fungo *Phytophthora infestans*, levou ao aparecimento da resistência, o que, por outro lado, não ocorreu nos países em que somente as misturas formuladas com mancozebe foram aplicadas (Staub, 1994). No caso dos fungicidas IQe, a seleção para resistência em *Plasmopara viticola* foi retardada por uma mistura com folpet, fosetil-alumínio ou mancozebe (Genet; Jaworska; Deparis, 2006). Foi também demonstrado que a taxa de seleção para resistência à azoxistrobina em *P. viticola* é retardada quando o produto é misturado com mancozebe (Sierotzki et al., 2008).

Um mecanismo de resistência potencial mais provável seria baseado na desintoxicação do ativo fungicida. Este mecanismo foi descrito para um número de diferentes fungicidas em vários patógenos, incluindo o fungicida multissítio captan em *Botrytis cinerea* (Barak; Edgington, 1984). A atividade de amplo espectro de mancozebe é um contribuinte-chave para seu sucesso comercial, sendo necessária uma análise mais aprofundada a respeito.

Perspectivas futuras

Por mais de 50 anos, o mancozebe tem sido uma ferramenta inestimável para o controle de fungos nas culturas de todo o mundo. Ao selecionar os agrotóxicos, os produtores estão procurando produtos eficazes, seguros para a cultura e ao meio ambiente e, acima de tudo, com melhor custo-benefício. O mancozebe encaixa-se bem em todas essas categorias e, como já ultrapassa meio século no mercado, sua popularidade, transmite valor e serve como ferramenta útil dentro do sistema de produção agrícola.

O mancozebe é normalmente incluído em misturas ou em coformulação com outros ingredientes ativos como ferramenta para ajudar com o manejo de resistência e alargar o espectro do produto. Os estudos já conduzidos sugerem para os próximos trabalhos a identificação dos principais metabólitos da rota de degradação e/ou biotransformação de mancozebe que atuam no controle das doenças, principalmente contra *Phakopsora pachyrhizi*.

O próximo caminho será sintetizar e incluir somente o principal metabólito que atua contra a doença em coformulação com outros ingredientes ativos, em lugar de incluir a molécula inteira. Como resultado, teríamos uma redução de custo para a manufatura do produto, menor quantidade de ingrediente ativo por hectare, melhor manuseio do produto e maior eficácia no controle das doenças.

Um controle economicamente viável de patógenos em plantas é fundamental para a gestão da doença e para a sustentabilidade, não somente do cultivo, mas também dos agrotóxicos registrados. Tanto no mundo industrializado, quanto no mundo em desenvolvimento, o acesso a ferramentas eficazes com bom custo-benefício, como é o caso do mancozebe, é indispensável em um mercado cada vez mais exigente.

Referências

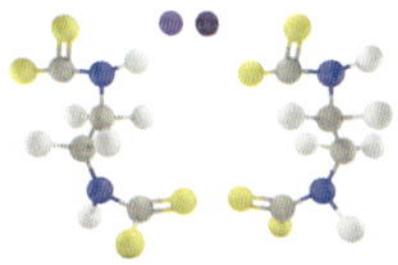

AGÊNCIA NACIONAL DE VIGILÂNCIA SANITÁRIA. [*Monografias de produtos agrotóxicos*]. ANVISA: [2016]. Disponível em: < goo.gl/RZwTVq>. Acesso em: 27 jun. 2016.

AGÊNCIA NACIONAL DE VIGILÂNCIA SANITÁRIA. Resolução-RE nº 165, de 29 de agosto de 2003. *Diário Oficial da União*, Brasília, 02 de set. 2003. p.48-50.

ALDRIDGE, W. N.; MAGOS, L. *Carbamates, thiocarbamates, dithiocarbamates*. Report nº V/F/1/78/75 EN, Commission of the European Communities, Luxembourg, 1978.

ANDERSON, P. J. A successful spray for blue mold of tobacco. *Plant Disease Report*, v. 26, p. 201-202, 1942.

ASHTON, F. M.; CRAFTS, A. S. *Mode of action of herbicides*. 2nd ed. New York: John Wiley & Sons, 1981.

BARAK, E.; EDGINGTON, L. V. Cross-resistance of *Botrytis cinerea* to captan, thiram, chlorothalonil, and related fungicides. *Canadian Journal of Plant Pathology*, **v.** 6, p. 318-320, 1984.

BARBOSA, M. R. et al. Geração e desintoxicação enzimática de espécies reativas de oxigênio em plantas. *Ciência Rural*, v. 44, n. 3, p.453-460, 2014.

BHATTACHARJEE, S. Sites of generation and physicochemical basis of formation of reactive oxygen species in plant cell. In: GUPTA, S.D. *Reactive oxygen species and antioxidants in higher plants*. Enfield: Science Publishers, 2010. p.1-30.

BIELZA, P. et al. Declaration of Ljubljana: the impact of a declining European pesticide portfolio on resistance management. *Outlooks on Pest Management*, v. 19, p. 246-248, 2008.

BLASCO, C.; FONT, G.; PICÓ, Y. Determination of dithiocarbamates and metabolites in plants by liquid chromatography-mass spectrometry. *Journal of Chromatography A*, v. 1028, p. 267-276, 2004.

BOGIALLI, S.; DI CORCIA, A. Matrix solid-phase dispersion as a valuable tool for extracting contaminants from foodstuffs. *Journal Biochemical and Biophysical Methods*, v. 70, 163-179, 2007.

BRANDES, G. A. The history and development of the ethylene bisdithiocarbamate fungicides. *American Potato Journal*, v. 30, p. 137-140, 1953.

BRASIL. Ministério da Saúde. Portaria n° 03, de 16 de janeiro de 1992. Ratifica os termos das "Diretrizes e orientações referentes à autorização de registros, renovação de registro e extensão de uso de produtos agrotóxicos e afins n° de 09 de dezembro de 1991". *Diário Oficial da União*, Brasília, 04 fev. 1992. p. 1356.

CABRAS, P. et al. The effect of simulated rain on folpet and mancozeb residues on grapes and on wine leaves. *Journal of Environmental Science and Health, Part B*, v. 36, n. 5, p. 609–618, 2001.

CAKMAK, I. Enrichment of cereal grains with zinc: agronomic or genetic biofortification? *Plant and Soil*, v. 302, p. 1-17, 2008.

CALATAYUD, A.; BARRENO, E. Chlorophyll *a* fluorescence, antioxidant enzymes and lipid peroxidation in tomato in response to ozone and benomyl. *Environ Pollut*, v. 115, p. 283-289, 2001.

CARVALHO, S. J. P. et al. Herbicide selectivity by differential metabolism: considerations for reducing crop damages. *Scientia Agrícola*, v. 66, n. 1, p. 136-142, 2009.

COLLINS, A. Carotenoids and genomic stability. *Mutation Research*, v. 475, p. 1-28, 2001.

COMPANHIA DE TECNOLOGIA DE SANEAMENTO AMBIENTAL (São Paulo). *Relatório de estabelecimento de valores orientadores para solos e águas subterrâneas no Estado de São Paulo.* São Paulo: CETESB, 2001.

COSTA, J. J.; MARGHERITS, A. E.; MARSICO, D. J. *Introducción a la terapeutica vegetal.* Hemisfério Sur Buenos Aires, 1974.

CRNOGORAC, G.; SCHWACK, W. Residue analysis of dithiocarbamate fungicides. *Trends in Analytical Chemistry*, v. 28, p. 40-50, 2009.

D'AUTRÉAUX, B.; TOLEDANO, M. B. ROS as signaling molecules: mechanisms that generate specificity in ROS homeostasis. *Nature Reviews Molecular Cell Biology*, v. 8, p. 813-824, 2007.

DEL RIO, L. A. et al. Reactive oxygen species and reactive nitrogen species in peroxisomes. Production, scavenging, and role in cell signaling. *Plant Physiology*, v. 141, p. 330-335, 2006.

DIAS, M. C. et al. Different responses of young and expanded lettuce leaves to fungicide mancozeb: chlorophyll fluorescence, lipid peroxidation, pigments and proline content. *Photosynthetica*, v. 52, n. 1, p.148-151, 2014.

DIAS, M.C. Phytotoxicity: an overview of the physiological responses of plants exposed to fungicides. *Journal of Botany*, ID 135479, p. 1-4, 2012.

DICKENS, J. S. W. Studies on the chemical control of chrysanthemum white rust caused by *Puccinia horiana. Plant Pathology*, v. 39, p. 434-442, 1990.

DIMOND, A. E.; HEUBERGER, J. W.; HORSFALL, J. G. A water soluble protectant fungicide with tenacity. *Phytopathology*, v. 33, p. 1095-1097, 1943.

DINAKAR, C.; DJILIANOV, D.; BARTELS, D. Photosynthesis in desiccation tolerant plants: energy metabolism and antioxidative stress defense. *Plant Science*, v. 182, p. 29-41, 2012.

DITZER, S. Grundlegende Faktoren der Regenfestigkeit, untersucht am Beispiel ausgewa¨hlter Kontaktfungizide bei 'Golden Delicious'. Ph. D. Thesis, Rheinische Friedrich–Wilhelms Universita¨t Bonn, Shaker Verlag (Bericht aus der Agrarwissenschaft), Aachen, 2002.

DONECHE, B.; SEGUIN, G.; RIBBEREAU-GAYON, P. Mancozeb effect on soil microorganisms and its degradation in soils. *Soil Science*, v. 135, p. 361-366, 1983.

DOW AGROSCIENCES. *Internal market research based on panel data supplied by Agrobase-Logigram.* Archamps, 2008.

ENGST, R.; SCHNAAK, W. Residues of dithiocarbamates fungicides and their metabolites on plant foods. *Residue Reviews*, v. 52, p. 45-67, 1974.

ENGST, R.; SCHNAAK, W. Studies on the metabolism of the ethylenebisdiothiocarbamate fungicides maneb and zineb. *Zeitschrift für Lebensmittel-Untersuchung und-Forschung*, v. 144, p. 81-85, 1970.

EXTOXNET: Extension Toxicology Network. *Site.* [2017]. Disponível em: < http://pmep.cce.cornell.edu/profiles/extoxnet/>. Acesso em: 19 jun. 2017.

FLENNER, A. L. *Manganous ethylene–bis-dithiocarbamate and fungicidal compositions containing same.* U.S. patent 2,504,404. 1950.

FOOD AND AGRICULTURE ORGANIZATION OF THE UNITED NATIONS; WORLD HEALTH ORGANIZATION. *Food Standards Programme Codex Alimentarius Commission.* Pesticide residues in food. Rome, 1994. v. 2.

FOOD AND AGRICULTURE ORGANIZATION OF THE UNITED NATIONS; WORLD HEALTH ORGANIZATION. *Food Standards Programme Codex Alimentarius Commission.* Pesticide residues in food: maximum residue limits. Rome, 1998. v. 2B.

FOYER, C. H.; NOCTOR, G. Redox homeostis and antioxidant signaling: a metabolic interface between stress perception and physiological responses. *Plant Cell*, v. 17, p.1866-1875, 2005.

FREUDENTHAL, R. I. et al. Subacute toxicity of ethylene bisisocyanate sulfide in the laboratory rat. *Journal of Toxicology and Environmental Health*, v. 2, p. 1067-1077, 1977.

FUNGICIDE RESISTANCE ACTION COMMITTEE. *Recomendação para as culturas*. Brussels, 2014. Disponível em: <http://www.frac-br.org/home?c=76&i=10>. Acesso em: 22 nov. 2016.

GARCÍA, P. C. et al. The role of fungicides in the physiology of higher plants: implications for defense responses. *Botanical Review*, v. 69, p. 162-172, 2003.

GARCINUÑO, R. M.; FERNÁNDEZ-HERNANDO, P.; CÁMARA, C. Simultaneous determination of maneb and its main metabolites in tomatoes by liquid chromatography using diode array ultraviolet absorbance detection. *Journal of Chromatography A*, v. 1043, p. 225-229, 2004.

GASPAR, T. et al. Concepts in plant stress physiology. Application to plant tissue cultures. Plant Growth Regul., v.37, p.263–285, 2002.

GENET, J-L.; JAWORSKA, G.; DEPARIS, F. Effect of dose rate and mixtures of fungicides on selection for QoI resistance in populations of *Plasmopara viticola*. *Pest Management Science*, v. 62, p. 188-194, 2006.

GEORGOPOULOS, S. G.; ALEXANDRI, E.; CHRYSAYI, M. Genetic evidence for the action of Oxathiin and Thiazole Derivatives on the Succinic Dehydrogenase System of Ustilago maydis Mitochondria. *Journal of Bacteriology*, v. 110, n. 3, p. 809-817, 1972.

GEORGOPOULOS, S. G.; ZIOGAS, B. N. A new class of carboxin-resistant mutants of Ustilago maydis. *Netherlands Journal of Plant Pathology*, v. 83, Suppl 1, p. 235, 1977.

GILBERT, S. et al. Sulfate-deprivation has an early effect on the content of ribulose 1,5-bisphosphate carboxylase/oxygenase and photosynthesis in young leaves of wheat. *Plant Physiology*, v. 115, p. 1231-1239, 1997.

GILL, S. S.; TUTEJA, N. Reactive oxygen species and antioxidant machinery in abiotic stress tolerance in crop plants. *Plant Physiology and Biochemistry*, v. 48, p. 909-930, 2010.

GODOY, C. V.; CANTERI, M. G. Efeitos protetor, curativo e erradicante de fungicidas no controle da ferrugem da soja causada por *Phakopsora pachyrhizi*, em casa de vegetação. *Fitopatologia Brasileira*, v. 29, p. 97-101, 2004.

GOPI, R.; JALEEL, C. A.; SAIRAM, R. Differential effects of hexaconazole and paclobutrazol on biomass, electrolyte leakage, lipid peroxidation and antioxidant potential of *Daucus carota* L. *Colloid Surface*, v. 60, p. 180-186, 2007.

GULLINO, M. L. et al. Mancozeb: past, present, and future. *Plant Disease*, v. 94, p. 1076-1087, 2010.

HANGZHOU TIANLONG BIOTECHNOLOGY. *Metam sodium*. Zhejiang, c2011. Disponível em: < http://www.cn-agro.com/fungicides/Metam-sodium.html>. Acesso em: 19 jun. 2017.

HARINASUT, P. et al. Salinity effects on antioxidant enzymes in mulberry cultivar. *American Spinal Injury Association*, v. 29, p. 109-113, 2003.

HARRINGTON, G. E. Thiram sulfide for turf diseases. *Science*, v. 93, p. 311, 1941.

HARTLEY, G. S.; GRAHAM BRYCE, I. J. *Physical principles of pesticide behaviour, vol. 2*. London: Academic Press, 1980.

HEARD, P. J. Main group dithiocarbamate complexes. In: KARLIN, K. D. (Ed.). *Progress in inorganic chemistry, volume 53*. Hoboken: John Wiley & Sons, 2005.

HEENAN, D. P.; CAMPBELL, L. C. Soybean nitrate reductase activity influenced by manganese nutrition. *Plant and Cell Physiology*, v. 21, n. 4, p. 731-736, 1980.

HELDT, H.W.; HELDT, F. Mitochondria are the power station of the cell. In: HELDT, H.W. *Plant biochemistry*. San Diego: Academic, 2005a. p.135-164.

HESS F. D; FALK, R. H. Herbicide deposition on leaf surfaces. *Weed Science*, v. 38, n. 3, p. 280-288, 1990.

HEUBERGER, J. W.; MANNS, T. F. Effect of zinc sulphate-lime on protective value of organic and copper fungicides against early blight of potato. *Phytopathology*, v. 33, p. 1113, 1943.

HEUBERGER, J. W.; WOLFENBARGER, D. O. Zinc dimethyl dithiocarbamate and the control of early blight and anthracnose on tomatoes and of leaf hoppers and early blight on potatoes. *Phytopathology*, v. 34, p. 1003, 1944.

HEWITT, H. G. *Fungicides in crop protection*. Wallingford: CAB International, 1998.

HILLIER, W.; BABCOCK, G. T. Photosynthetic reaction centers. *Plant Physiology*, v. 125, p. 33–37, 2001.

HOLDERNESS, M. Control of vascular-streak dieback of cocoa with triazole fungicides and the problem of phytotoxicity. *Plant Pathology*, v. 39, p. 286-293, 1990.

HUNSCHE, M. *Rain fastness of selected agrochemicals as affected by leaf surface characteristics and environmental factors*. Ph. D. Thesis, Rheinische Friedrich-Wilhelms Universitat Bonn, Cuvillier Verlag, Gottingen, 2006.

HUNT, J.; WHITE, B.; POOLE, N. Tebuconazole significantly reduces wheat yield under terminal drought stress. *BCG Season Research Results*, p. 160–163, 2008.

HWANG, E. S.; CASH, J. N.; ZABIK, M. J. Determination of degradation products and pathways of mancozeb and ethylenethioureia (ETU) in solutions due to ozone and chlorine dioxide treatments. *Journal of Agricultural and Food Chemistry*, v. 51, p. 1341-1346, 2003.

HYLIN, J. W. Oxidative decomposition of ethylene-bis-dithiocarbamates. *Bulletin of Environmental Contamination and Toxicology*, v. 10, p. 227-233, 1973.

INTERNATIONAL AGENCY FOR RESEARCH ON CANCER. Genetic and related effects. *Monographs on the evaluation of carcinogenic risk of chemicals to humans*, n. 79, 2000.

INTERNATIONAL UNION OF PURE AND APPLIED CHEMISTRY. Ethylenethiourea. *Pure and applied Chemistry*, v. 49, p. 675-689, 1977.

JACOBSEN, O. S.; BOSSI, R. Degradation of ethylenethiourea (ETU) in oxic and anoxic sandy aquifers. *FEMS Microbiology Reviews*, v. 20, p. 539-544, 1997.

JALEEL, C. A.; GOPI, R.; PANNEERSELVAM, R. Alterations in lipid peroxidation, electrolyte leakage, and proline metabolism in Catharanthus roseus under treatment with triadimefon, a systemic fungicide. *C R Biol*, v. 330, p. 905-912, 2007.

KAARS SIJPESTEIN, A. Mechanism of action of fungicides. In: DEKKER, J.; GEORGOPOULOS, S. G. (Ed.). *Fungicide resistance in crop plants*. Wageningen: Center for Agricultural Publishing and Documentation, 1982. p. 32-45.

KAARS SIJPESTEIN, A. Mode of action of some traditional fungicides. In: TRINCI, A. P. J.; RYLEY, J. F. (Ed.). *Mode of action of antifungal agents*. Cambridge: Cambridge University Press, 1984. p. 135-153.

KAARS SIJPESTEIN, A.; VONK, J. W. Decomposition of bisdithiocarbamates and metabolism by plants and microorganism. Abstr. 033, 3rd, *Internat. Congress pest. chem.*. 1974.

KANCHI, S.; SINGH, P.; BISETTY, K. Dithiocarbamates as hazardous remediation agent: a critical review on progress in environmental chemistry for inorganic species studies of 20th century. *Arabian Journal of Chemistry*, v. 7, p. 11-25, 2014.

KIM, Y. S. et al. Field resistance to strobilurin (QoI) fungicides in *Pyricularia grisea* caused by mutations in the mitochondrial cytochrome b gene. *Phytopathology*, v. 93, p. 891–900, 2003.

KINCAID, R. R. Disease in cigar-wrapper tobacco plant beds in Florida in 1942. *Plant Disease Report*, v. 26, p. 223, 1942.

KLITTICH, C. J. *Milestones in fungicide discovery*: chemistry that changed agriculture. Plant Management Network, c2008. Disponível em: <http://www.plantmanagementnetwork.org/pub/php/review/2008/milestones>. Acesso em: 19 set. 2016.

KLOSOWSKI, A. C. et al. Detection of the F129L mutation in the cytochrome b gene in Phakopsora pachyrhizi. *Pest Management Science*, 2015.

KOLLMAN, W. S. *Summary of assembly bill 1807/3219*: pesticide air monitoring results. Sacramento: Department of Pesticide Regulation, 1995.

KOVALCHUK, I. Multiple roles of radicals in plants. In: GUPTA, S. D. *Reactive oxygen species and antioxidants in higher plants*. Enfield: Science Publishers, 2010. p. 31-44.

KRAUSE, G.H.; WEIS, E. Chlorophyll fluorescence and photosynthesis: the basics. *Annu Rev Plant Physiol Plant Mol Biol*, v. 42, p. 313–349, 1991.

KUDSK, P.; MATHIASSEN, S. K.; KIRKNEL, E. Influence of formulations and adjuvants on the rainfastness of maneb and mancozeb on pea and potato. *Pest Management Science*, v. 33, p. 57–71, 1991.

KUMAR, U.; AGARWAL, H. C. Fate of [^{14}C]mancozeb in egg plants (*Solanum melongena* L.) during summer under sub-tropical conditions. *Pest Management Science*, v. 36, p. 121-125, 1992.

LEMES, V. R. R. et al. Avaliação de resíduos de ditiocarbamatos e etilenotiouréia (ETU) em mamão e sua implicação na saúde pública. *Revista do Instituto Adolfo Lutz*, v. 64, p. 50-57, 2005.

LI, J. et al. Regulation of abscisic acid-induced stomatal closure and anion channels by guard cell AAPK Kinase. *Science*, v. 287, p. 300-303, 2000.

LIGOCKI, M. P.; PANKOW, J. F. Measurements of the gas/particle distribution of atmospheric organic compounds. *Environmental Science & Technology*, v. 23, p. 75-83, 1989.

LINDE, C. D. *Physico-chemical properties and environmental fate of pesticides*. Sacramento: Department of Pesticide Regulation, 1994.

LOCATO, V. et al. Reactive oxygen species and ascorbate glutathione interplay in signaling and stress responses. In: GUPTA, S. D. *Reactive oxygen species and antioxidants in higher plants*. Enfield: Science Publishers, 2010. p. 45-64.

LÓPEZ-FERNÁNDEZ, O. et al. Kinetic modelling of mancozeb hydrolysis and photolysis to ethylenethiourea and other by-products in water. *Water Research*, v. 102, p. 561-571, 2016.

LORENZ, E. J.; COTHREN, J. T. Photosynthesis and yield of wheat (*Triticum aestivum*) treated with fungicides in a disease-free environment. *Plant Dis*, v. 73, p. 25-27, 1989.

LUDLOW, M. M.; MUCHOW, R. C. A critical evaluation of traits for improving crop yields in water-limited environments. *Advances in Agronomy*, v. 43, p. 107-53, 1990.

LUDWIG, R. D., THORN, G. D. Chemistry and mode of action of dithiocarbamate fungicides. *Advances in Pest Control Research*, v. 30, p. 219-252, 1960.

LYMAN, W. R. The metabolic fate of Dithane M-45(coordination product of zinc and manganous ethylene bisdithiocarbamate)". In: INTERNATIONAL SYMPOSIUM ON PESTICIDE TERMINAL RESIDUES, Israel, London, Butterworth, 1971.

LYMAN, W. R.; LACOSTE, R. J. Proc. Int. IUPAC Congr. Pest. Chem. 33rd (Helsinki). 1974.

MADALOSSO, M.G. et al. Contra a fitotoxidade. *Cultivar Grandes Culturas*, v. 179, p. 14-17, 2014.

MAJID, U. et al. Antioxidant response of *Cassia angustifolia* Vahl. to oxidative stress caused by Mancozeb, a pyrethroid fungicide. *Acta Physiologiae Plantarum*, v. 36, p. 307–314, 2014.

MANN, E. N. et al. Efeito da adubação com manganês, via solo e foliar em diferentes épocas na cultura da soja [Glycine max (L.) Merril]. *Ciência e Agrotecnologia*, v. 25, n. 2, p. 264-273, 2001.

MARQUES, L. N. *Mancozebe no patossistema Phakopsora pachyrhizi x Glycine max*: respostas fisiológicas das plantas. 2017. 100 f. Tese (Doutorado) - Universidade Federal de Santa Maria, Santa Maria, RS, 2017.

MARQUES, L. N. et al. Physiological, biochemical, and nutritional parameters of wheat exposed to fungicide and foliar fertilizer. *Semina: Ciências Agrárias*, v. 37, n. 3, p.1243-1254, 2016.

MARSCHNER, H. *Mineral nutrition of higher plants*. 3rd ed. London: Academic Press, 2012.

MASCARENHAS, H. A. A. et al. Efeito da calagem sobre a produtividade de grãos, óleo e proteína em cultivares precoces de soja. *Scientia Agricola*, v. 53, n. 1, p. 164-171, 1996.

MCCALLAN, S. E. A. History of fungicides. In: *Fungicides, an advanced treatise, vol. 1*. New York: Academic Press, 1967. p. 1-37.

MÉNDEZ, J.C.; BERTSCH, F.; CASTRO, O. Efecto de la aplicación de los fungicidas propineb y mancozeb sobre el estado nutricional de plántulas de banano en médio hidropônico. *Agronomía Costarricense*, v. 37, n. 1, p. 7-22, 2013.

MITTLER, R. Oxidative stress, antioxidants and stress tolerance. *Trends Plant Science*, v. 7, n. 9, p. 405-410, 2002.

MOTARJEMI, Y.; MOY, G.; EWEN, T. *Encyclopedia of food safety*. Amsterdam : Elsevier, 2014.

MUELLER, D. S.; BRADLEY, C. A. *Field crop fungicide for the north central United States*. Urbana-Champaign: North Central Integrated Pest Management Center, 2008.

MUKHOPADHYAY, M. J.; SHARMA, A. Manganese in cell metabolism of higher plants. *The Botanical Review*, v. 57, n. 2, p.117-149, 1991.

MUSKETT, A. E.; COLHOUN, J. Prevention of seedling blight in the flax crop. *Nature*, v. 146, p. 32, 1940.

MUTHUKUMARASAMY, M.; PANNERSELVAM, R. Triazole induced protein metabolism in the salt stressed *Raphanus sativus* seedlings. *Journal of the Indian Botanical Society*, v. 76, p. 39-42, 1997.

MYLONA, P.V.; POLIDOROS, A.N. ROS regulation of antioxidant genes. In: GUPTA, S. D. *Reactive oxygen species and antioxidants in higher plants*. Enfield: Science Publishers, 2010. Cap. 6, p. 101-128.

NASH, R. G. In: PROCEEDINGS OF THE 170th MEETING OF THE AMERICAN CHEMICAL SOCIETY FOR PESTICIDE. Abstract n. 1. 1975.

NAVROT, N. et al. Reactive oxygen species generation and antioxidant systems in plant mitochondria. *Physiol Plant*, v. 129, p. 185-195, 2007.

NEWSOME, W. H. Residues of mancozeb, 2-Imidazoline, and ethyleneurea in tomato and potato crops after field treatment with mancozebe. *Journal of Agricultural and Food Chemistry*, v. 27, p. 1188-1190, 1979.

NILSEN, E. T.; ORCUTT, D. M. *The physiology of plants under stress*: **abiotic factors**. New York: John Wiley and Sons, 1996.

NIYOGI, K. K. et al. Photoprotection in a zeaxanthin-and lutein-deficient double mutant of Arabidopsis. *Photosynthetic Res.*, v. 67, p.139-145, 2001.

OLIVEIRA JR., J.A.; MALAVOLTA, E.; CABRAL, C. P. Efeitos do manganês sobre a soja cultivada em solo de cerrado do Triângulo Mineiro. *Pesquisa Agropecuária Brasileira*, v. 35, n. 8, p. 1629-1636, 2000.

OLIVEIRA, A. D.; FERNANDES, E. J.; RODRIGUES, T. J. D. Condutância estomática como indicador de estresse hídrico em feijão. *Engenharia Agrícola*, v. 25, n. 1, p. 86-95, 2005.

PASCHE, J. S.; GUDMESTAD, N. C. Prevalence, competitive fitness and impact of the F129L mutation in *Alternaria solani* from the United States. *Crop Protection*, v. 27, p. 427–435, 2008.

PELEG, Z. et al. Grain zinc, iron and protein concentrations and zinc-efficiency in wild emmer wheat under contrasting irrigation regimes. *Plant and Soil*, v. 306, p. 57-67, 2008.

PEÑUELAS, J; MUNNÉ-BOSCH, S. Isoprenoids: an evolutionary pool for photoprotection. *Trends Plant Sci*, v. 10, p. 166-169, 2005.

PEREIRA, S. I. et al. Changes in the metabolome of lettuce leaves due to exposure to mancozeb pesticide. *Food Chemistry*, v. 154, p. 291–298, 2014.

PETIT, A. N. et al. Photosynthesis limitations of grapevine after treatment with the fungicide fludioxonil. *Journal of Agricultural and Food Chemistry*, v. 56, p. 6761–6767, 2008.

PETIT, A.N. et al. Fungicide impacts on photosynthesis in crop plants. *Photosynth Research*, v.111, p. 315-326, 2012.

POH, B. L. et al. *Estimating copper, manganese and zinc micronutrients in fungicide applications*. Florida: University of Florida, 2011. Disponível em: <http://ufdcimages.uflib.ufl.edu/IR/00/00/38/17/00001/HS115900.pdf>. Acesso em: 04 mar. 2016.

PUBCHEM. *Mancozeb*. Bethesda: NIH, 2005. Disponível em: < https://pubchem.ncbi.nlm.nih.gov/compound/mancozeb#section=Top>. Acesso em: 19 jun. 2017.

PUBCHEM. *Propineb*. Bethesda: NIH, 2006. Disponível em: < https://pubchem.ncbi.nlm.nih.gov/compound/6100711#section=Information-Sources>. Acesso em: 19 jun. 2017.

R&H COMPANY. *Aerobic and anaerobic soil metabolism of mancozebe*. DPR Vol. 176-041 #53694&53695, Department of Pesticide Regulation, Sacramento, CA. 1987b.

R&H COMPANY. *Soil photolysis study of mancozeb*. DPR Vol. 176-040 #53692, Department of Pesticide Regulation, Sacramento, CA. 1987a.

RAJAGOPAL, B. S. et al. Effect and persistence of selected carbamate pesticides in soil. *Residue Reviews*, v. 93, p. 1-199, 1984.

ROSS, R. D. *Photooxidation in agricultural waters*. Thesis University of California, Davis, California, 1974.

ROSS, R. D.; CROSBY, D. G. Photolysis of ethylenethourea. *Journal of Agricultural and Food Chemistry*, v. 21, p. 335-337, 1973.

ROUHIER, N.; LEMAIRE S. D.; JACQUOT, J. P. The role of glutathione in photosynthetic organisms: Emerging functions for glutaredoxins and glutathionylation. *Annual Review of Plant Biology*, v. 59, p.143–166, 2008.

SALADIN, G.; MAGNÉ, C.; CLÉMENT, C. Effects of fludioxonil and pyrimethanil, two fungicides used against *Botrytis cinerea*, on carbohydrate physiology in *Vitis vinifera* L. *Pest Management Science* , v. 59, p. 1083–1092, 2003.

SCHMIDT, B. et al. Method validation and analysis of nine dithiocarbamates in fruits and vegetables by LCMS/MS. *Food Additives & Contaminants*: Part A, Chemistry, analysis, control, exposure & risk assessment, v. 30, p. 1287-1298, 2013.

SCHMITZ, H. K. et al. Sensitivity of *Phakopsora pachyrhizi* towards quinone-outside-inhibitors and demethylation--inhibitors, and corresponding resistance mechanisms. *Pest Management Science*, v. 70, p. 378-388, 2014.

SEMAR, M. et al. Field efficacy of pyraclostrobin against populations of *Pyrenophora teres* containing the F129L mutation in the cytochrome *b* gene. *Journal of Plant Diseases Protection*, v. 114, p. 117–119, 2007.

SHARMA, P. et al. Reactive oxygen species, oxidative damage, and antioxidative defense mechanism in plants under stressful conditions. *Journal of Botany*, v. 2012, ID 217037, p.1-26, 2012.

SHU, Z. H.; SHEEN, T. F. Effects of microelement-containing pesticides on nutrient concentrations of mango leaves. *Acta Horticulturae*, v. 321, p. 553-560, 1992.

SIEFERMAN-HARMS, D. The light harvesting function of carotenoids in photosynthetic membrane. *Plant Physiology*, v. 69, p.561-568, 1987.

SIEROTZKI, H. et al. Cytochrome b gene sequence and structure of *Pyrenophora teres* and *P. tritici-repentis* and implications for QoI resistance. *Pest Management Science*, v. 63, p. 225–233, 2007.

SIEROTZKI, H. et al. Dynamics of QoI resistance in *Plasmopara viticola*. In: DEHNE, H. W. et al. (Ed.). *Modern Fungicides and Antifungal Compounds IV*. Surrey, 2008. p. 151-157.

SIEROTZKI, H.; SCALLIET, G. A review of current knowledge of resistance aspects for the next-generation succinate dehydrogenase inhibitor fungicides. *Phytopathology*, v. 103, n. 9, p. 880-887, 2013.

SIMMONS, R. C. *Properties of natural rainfall and their simulation in the laboratory for pesticide research*. Technical Report Nr. 60, Agricultural Research Council-Weed Research Organization. Oxford, 1980.

STAMMLER, G. et al. Diagnostics of fungicide resistance and relevance of laboratory data for the field. Fungicide resistance: are we winning the battle but loosing the war? *Aspects of Applied Biology*, v. 78, p. 29-36, 2006.

STAUB, T. Early experiences with phenylamide resistance and lessons for continued successful use. In: HEANEY, S. et al. (Ed.). *Fungicide resistance*. Surrey: British Crop Protection Council, 1994. p. 131-138.

STEFANELLO, M.T. et al. Effect of the interaction between fungicide application time and rainfall simulation interval on Asian Soybean Rust control effectiveness. *Semina – Ciências Agrárias*, v. 37, n. 6, p.3 881-3892, 2016.

SUHERI, H.; LATIN, R. X. Retention of fungicides for control of Alternaria leaf blight on muskmelon under greenhouse conditions. *Plant Dis.*, v. 75, n. 10, 1013–1015, 1991.

SWAMY, P. M.; SMITH, B. Role of abscisic acid in plant stress tolerance. *Current Sci.*, v.76, p.1220- 1227, 1999.

SZKOLNIK, M. Physical modes of action of sterol inhibiting fungicides against apple diseases. *Plant Disease*, v. 65, p. 981-985, 1981.

THACKER, J. R. M.; YOUNG, R. D. F. The effects of six adjuvants on the rainfastness of chlorpyrifos formulated as an emulsifiable concentrate. *Journal of Pest Science*, v. 55, p. 198–200, 1999.

TISDALE, W. H.; WILLIAMS, I. *Disinfectant.* U.S. patent 1,972,96. 1934.

TOMLIN, C. D. S. *The pesticide manual.* 14th ed. Surrey: British Crop Protection Council, 2006.

VAN BRUGGEN, A. H. C.; OSMELOSKI, J. F.; JACOBSON, J. S. Effects of simulated acidic rain on wash-off of fungicides and control of late blight on potato leaves. *Phytopathology*, v. 76, n. 8, p. 800–804, 1986.

VAN LISHAUT, H.; SCHWACK, W. Selective trace determination of dithiocarbamate fungicides in fruits and vegetables by reversed-phase ion-pair liquid chromatography with ultraviolet and electrochemical detection. *Journal of Association of Official Analytical Chemists International*, v. 83, p.720-727, 2000.

VAWDREY, L. L. Evaluation of fungicides and cultivars for control of gummy stem blight of rockmelon caused by *Didymella bryoniae*. *Australian Journal of Experimental Agriculture*, v. 34, p.1191-1195, 1994.

VIDIGAL, A. E. C. *Novos complexos de níquel(II) com fosfinas e N-Alquilsulfonilditiocarbimatos*: síntese, caracterização e atividade antifúngica contra *Botrytis cinerea* e *Colletotrichum acutatum*. 2013. Dissertação (Mestrado em Agroquímica) - Universidade Federal de Viçosa, Viçosa, 2013.

VONK, J. W.; SIJPESTEIJN, A. K. Formation of ethylenethiourea from 5,6-dihydro-3Himidazo-[2,1-c]-1,2,4-dithiazole-3-thione by microorganisms and reducing agents. *Journal of Environmental Science and Health, Part B*, v. 11, 33-37, 1976.

WAUCHOPE, R. D.; JOHNSON, W. C.; SUMNER, H. R. Foliar and soil deposition of pesticide sprays in peanuts and their washoff and runoff under simulated worst-case rainfall conditions. *Journal of Agricultural and Food Chemistry*, v. 52, n. 23, p. 7056–7063, 2004.

WEISANY, W. et al. Effects of zinc application on growth, absorption and distribution of mineral nutrients under salinity stress in soybean (*Glycine Max* L.). *Journal of Plant Nutrition*, v. 37, n. 14, p. 2255-2269, 2014.

WICKS, T.; LEE, T. C. Evaluation of fungicides applied after infection for control of *Plasmopara viticola* on grapevine. *Plant Disease*, v. 66, p. 839-841, 1982.

WILLIS, G. H. et al. Carbaryl washoff from soybean plants. *Archives of Environmental Contamination and Toxicology*, v. 31, n. 2, p. 239–243, 1996.

WILSON, J. D. The zinc salt of dimethyl dithiocarbamic acid (metasan and zincate) as a fungicide on vegetables. *Phytopathology*, v. 34, p. 1014, 1944.

WONG, F. P.; WILCOX, W. F. Comparative physical modes of action of azoxystrobin, mancozeb, and metalaxyl against *Plasmopara viticola* (grapevine downy mildew). *Plant Disease*, v. 85, p. 649-656, 2001.

WORLD HEALTH ORGANIZATION. *Environmental Health Criteria 78 - Dithiocarbamate pesticides, ethylenethiourea, and propylenethiourea*: a general introduction. Geneva: WHO, 1988.

WU, Y. X.; TIEDEMANN, A. Impact of fungicides on active oxygen species and antioxidant enzymes in spring barley (*Hordeum vulgare* L.) exposed to ozone. *Environmental Pollution*, v. 116, p. 37-47, 2002.

XIA, X. J.; HUANG, Y.Y.; WANG, L. Pesticides induced depression of photosynthesis was alleviated by 24-epibrassinolide pretreatment in *Cucumis sativus* L. *Pesticide Biochemistry and Physiology*, v. 86, p.42–48, 2006.

XU, S. *Environmental fate of mancozeb*. Sacramento: Department of Pesticide Regulation, 2000. Disponível em: <http://www.cdpr.ca.gov/docs/emon/pubs/fatememo/mancozeb.pdf>. Acesso em: 29 set. 2016.

ZHANG, K. M. et al. Photoprotective roles of anthocyanins in *Begonia semperflorens*. *Plant Science*, v. 179, p. 202-208, 2010.